Tobias Benjamin Kraft

Gestaltungssatzung und Visualisierung als wichtige Bestandteile des Städtebaus

Mit Praxisbeispiel.

IGEL Verlag

Kraft, Tobias Benjamin

Gestaltungssatzung und Visualisierung als wichtige Bestandteile des Städtebaus

Mit Praxisbeispiel.

1. Auflage 2009 | ISBN: 978-3-86815-214-2

© IGEL Verlag GmbH , 2009. Alle Rechte vorbehalten.

Die Deutsche Bibliothek verzeichnet diesen Titel in der Deutschen Nationalbibliografie. Bibliografische Daten sind unter http://dnb.ddb.de verfügbar.

Dieses Fachbuch wurde nach bestem Wissen und mit größtmöglicher Sorgfalt erstellt. Im Hinblick auf das Produkthaftungsgesetz weisen Autoren und Verlag darauf hin, dass inhaltliche Fehler und Änderungen nach Drucklegung dennoch nicht auszuschließen sind. Aus diesem Grund übernehmen Verlag und Autoren keine Haftung und Gewährleistung. Alle Angaben erfolgen ohne Gewähr.

IGEL Verlag

Inhaltsverzeichnis

Abbildungs- und Tabellenverzeichnis	III
Vorwort	IV
1 Einleitung	**1**
2 Grundlage der Gestaltungssatzung	**3**
2.1 Gestaltungssatzung	3
2.2 Bauleitplan	4
2.3 Erhaltungssatzung	5
2.4 Gesetzliche Regelungen	5
2.4.1 Baugesetzbuch (BauGB)	5
2.4.2 Hessische Bauordnung (HBO)	6
2.4.3 Umweltaspekte	7
2.5 Ziele einer Gestaltungssatzung	8
3 Entstehung einer Gestaltungssatzung	**11**
3.1 Anlass einer Satzung	11
3.2 Entwicklung	12
3.3 Zielfeststellung	14
3.4 Ausführung einer Gestaltungssatzung	16
3.4.1 Auslegungsverfahren	17
3.4.2 Prüfungsverfahren	17
3.4.3 Das Beschlussverfahren	17
3.4.4 Das Genehmigungsverfahren	18
3.4.5 Das Bekanntmachungsverfahren	18
3.5 Anwendung einer Gestaltungssatzung	18
3.6 Besonderheiten Regional und Landesspezifisch	20
4 Beispiel einer Gestaltungssatzung an der Stadt Limburg a. d. Lahn	**22**
4.1 Anforderungen	23
4.2 Besonderheiten	24
5 Beispiel einer Gestaltungssatzung an der Stadt Michelstadt	**26**
5.1 Anforderungen	27
5.2 Besonderheiten	28
6 Übersicht der Gestaltungssatzungen in deutschen Kommunen	**30**
6.1 Entwicklung in deutschen Kommunen	30
6.2 Anwendung in deutschen Kommunen	32

6.3	Trends der letzten Jahre	33
6.4	Alternativen	34
7	**Visualisierung**	**36**
7.1	Möglichkeiten einer Visualisierung	37
7.2	Kombination Gestaltungssatzung und Visualisierung	39
7.3	Grenzen	41
8	**Gestaltungssatzung Rödermark Ober-Roden**	**42**
8.1	Grundlagen	42
8.2	Voraussetzungen	43
8.3	Visualisierung	44
8.4	Mögliche Gestaltungssatzung	48
8.5	Beschreibung	53
9	**Ausblick in die Zukunft**	**55**
10	**Fazit und abschließende Betrachtung**	**57**

Quellenverzeichnis 59

Bücher und Zeitschriften 59

Internetquellen 59

Anlagen 60

Gestaltungssatzung Limburg an der Lahn 60

Gestaltungssatzung Michelstadt 65

Abbildungs- und Tabellenverzeichnis

Abbildung 1:	Modell der Satzungsentstehung	14
Abbildung 2:	St. GeorgDom, Limburg	16
Abbildung 3:	Altstadt Limburg a. d. Lahn	16
Abbildung 4:	Rathaus Michelstadt	27
Abbildung 5:	Projektion der Bevölkerungsentwicklung bis 2020	34
Abbildung 6:	Beispiel einer Bestandskarte	38
Abbildung 7:	Fiktives Diagramm zur Veranschaulichung	38
Abbildung 8:	3D Freiraummodell Hamburger Hafen City	40
Abbildung 9:	Ortskern Ober- Roden (Map24.de)	43
Abbildung 10:	Bestandsaufnahme Projekt Innenentwicklung Ober Roden	45
Abbildung 11:	Verbindung Marktplatz / Rathausplatz Ober-Roden	46
Abbildung 12:	RathausplatzOber-Roden vorher / nachher	46
Abbildung 13:	Dieburger Straße, Ober-Roden vorher / nachher. Visualisierung der Veränderungen durch eine Gestaltungssatzung.	47

Tabelle 1: Beispiel Tabelle   39

Vorwort

Diese Studie, die sich mit dem Thema Gestaltungssatzung sowie Visualisierung befasst, entstand mit Hilfe des Landes Hessen, den Gemeinden Limburg an der Lahn, Michelstadt sowie der Gemeinde Rödermark.

Ich möchte darauf hinweisen, dass die hier zur Verfügung gestellten Dokumente wie Gestaltungssatzungen, den jeweiligen Gemeinden unterliegen. Sie sind nur als Beispiel und Darstellung der einzelnen Punkte in dieser Studie für mich zur Verfügung gestellt worden.

Desweiteren sind die Abbildungen aus den Beispielen der Gemeinden mit Erlaubnis der jeweiligen Eigentümer zur Verfügung gestellt worden.

1 Einleitung

Viele Gemeinden und Städte erleben in den letzten Jahren eine starke Veränderung, es wird viel modernisiert. Viel Energie fließt in Erhaltung und Erneuerung. Egal, wohin man schaut, in jeder Stadt sind Maßnahmen zu sehen. Ob es um die Neugestaltung von Innenstädten geht oder die Sanierung von Wohngebieten, es wird zunehmend ersichtlich, dass sich etwas tut in vielen Gemeinden.

Gerade in Zeiten von Entwicklungen sind Grenzen nötig, um Zustände soweit kontrollieren zu können, dass sie nicht schaden. Hier greift ein Mittel ein, das in vielen Gemeinden gerade erst langsam Einzug hält, die Gestaltungssatzung. Als Grundlage eines Gebietes innerhalb einer Gemeinde oder in Städten ist sie die einzige Möglichkeit, individuell zu handeln. Lange Zeit verachtet und nicht beachtet, sind Gestaltungssatzungen heutzutage ein Mittel geworden, das Gemeinden helfen kann, eine sinnvolle Grundlage zu bilden. Diese Studie möchte die Gestaltungssatzung als solche dem Betrachter näher bringen und Vorteile wie auch Nachteile klar stellen. Gestaltungssatzung ist ein Thema, das wenig diskutiert wurde und den meisten Planern ein Dorn im Auge ist. Es ist immer schwer, die Auswirkungen in Zukunft zu betrachten und dabei spielt die Planung und Visualisierung eine immer größere Rolle in der Entwicklung von Satzungen.

Visualisierungen können Ideen wecken, die vorher nicht einmal in Betracht gezogen wurden. Sie bieten ein Fundament in der Erstellung von Grenzen. Visualisierungen können die Situation wiedergeben, verdeutlichen und eventuell zeigen, wie es sein könnte.

Die Verbindung von Visualisierung mit einer Erstellung von Satzungen und Plänen ist mit der Einführung von Computern einen Schritt weiter gegangen und bietet viele neue Gebiete und Möglichkeiten. Das Thema Visualisierung sowie die Gestaltungssatzung an sich sind sehr weitreichende Themen, die ganze Bücher füllen würden. Anknüpfend an das Projekt soll versucht werden, das Ganze etwas näher zu bringen und in das Thema einzuführen.

Das Projekt, das im folgenden als Beispiel genutzt wird, befasst sich mit dem Stadtkern der Gemeinde Rödermark, Ober-Roden. Der Stadtkern des Ortes ist in einem Zustand, der eine neue Zielorientierung braucht und als Stadtkern in der momentanen Situation nicht als solcher erkenntlich ist.

Diese Studie ist eine Anregung zu dem Thema „Mögliche Gestaltungssatzung für Ober-Roden", in sofern dass sie eine logische Fortführung der bisher gemachten Arbeiten rund um das Projekt „Zukunftsprojekt Innenentwicklung Rödermark Ober-Roden" bildet.

2 Grundlage der Gestaltungssatzung

2.1 Gestaltungssatzung

Mittels örtlicher Bauvorschriften kann die Stadt die Gestaltung von Gebäuden (z.B. Dachform, Materialien usw.) und Grundstücken (z.B. Einfriedigungen, Begrünung usw.) regeln.

Diese Vorschriften können mit einem Bebauungsplan verbunden sein oder als gesonderte Satzung vom Rat der Stadt beschlossen werden. Mit der ortsüblichen Bekanntmachung der Satzung werden diese rechtsverbindlich und sind zu beachten.[1]

Eine Gestaltungssatzung ist eine Regelung auf kommunaler Ebene. Im Grunde besitzt sie zwei widersprüchliche Tatsachen: die Gestaltung einerseits und die Eingrenzung durch eine Satzung auf der anderen Seite. Kombiniert man die zwei Tatsachen, ergeben sich Möglichkeiten zum Einfluss auf die Gestaltung und Planung eines Ortes. Neben den Vorschriften auf bundesweiter Ebene sowie landesspezifischen Verordnungen, ist die Gestaltungssatzung ein kommunales Instrument zur Eingrenzung und Einhaltung festgelegter Kriterien. Diese Kriterien können einen wichtigen und sinnvollen Hintergrund haben. Mit einer Gestaltungssatzung kann sichergestellt werden, dass vor Ort Potentiale und Kerneigenschaften, die eine Gemeinde benötigt und bestärkt, erhalten bleiben und Fehler in Gestaltung sowie Fehlplanungen weitestgehend vermieden werden. Gestaltungssatzungen beziehen sich meist auf einem vorher festgelegten, begrenzten Raum innerhalb einer Gemeinde. Häufig ist dies der Ortskern.

Eine Gestaltungssatzung hat zur Folge, dass die Gestaltungsfreiheit gegenüber dem Gestaltungszwang steht und abgewogen werden muss.

Festgelegt werden die Gestaltungssatzungen in Form eines Forderungskataloges, der die Realisierung einer städtebaulichen Gestaltungskonzeption darstellt.

Die Satzungen können sowohl als Verbote als auch Gebote wirksam werden, dennoch sind sie bindend und müssen eingehalten werden. Wichtig ist, dass eine Gestaltungssatzung selbst keine genauen Gestaltungen hervorbringt, sondern eher als ein Regelwerk für eine Gestaltung dient.

---

[1] Auszug der Gestaltungssatzung der Stadt Bergheim, http://www.bergheim.de

2.2 Bauleitplan

Die städtebauliche Planung, gesetzlich „Bauleitplanung", allgemein auch Ortsplanung, Städteplanung genannt, soll die gesamte Bebauung in den Städten und Dörfern, die zu ihnen gehörenden Anlagen und Einrichtungen sowie die mit der Bebauung in Verbindung stehende Nutzung des Bodens so vorbereiten und leiten, dass eine dem Wohl der Allgemeinheit entsprechende, sozial gerechte Bodennutzung gewährleistet, eine menschenwürdige Umwelt gesichert und die natürlichen Lebensgrundlagen geschützt und entwickelt werden. Die Bauleitplanung der Gemeinde vollzieht sich nach dem Baugesetzbuch in zwei Stufen: im Flächennutzungsplan (vorbereitender Bauleitplan), der das ganze Gemeindegebiet umfasst und die beabsichtigte städtebauliche Entwicklung der Gemeinde als Ganzes in den Grundzügen darstellt, und in dem Bebauungsplan (verbindlicher Bauleitplan), der aus dem Flächennutzungsplan zu entwickeln ist. Der Bebauungsplan ist Grundlage für die Erschließung und begründet planvorbereitende und plandurchführende Bodenordnungsmaßnahmen (z. B. Genehmigungspflicht für den Grundstücksverkehr, Vorkaufsrecht, Umlegung, Enteignung). Die Wahl der Standorte für den Gemeinbedarf sowie die zentralen öffentlichen und privaten Einrichtungen, die Anordnung der Grün- und Freiflächen in Verbindung mit den Wohn- und Arbeitsplätzen, zweckmäßige Führung und Emissionsabschirmung der Hauptverkehrslinien sind von besonderer Bedeutung für die Qualität der künftigen Umwelt. Die Verkehrsplanung muss daher in die Bauleitplanung integriert werden und sich mit dem fließenden und ruhenden Individualverkehr, dem Fußgängerverkehr und dem öffentlichen Nahverkehr befassen. Die Bauleitpläne sind den Zielen der überörtlichen Raumordnung und Landesplanung anzupassen.[2]

Der Vorteil des Bebauungsplan-Verfahrens besteht darin, dass neben baugestalterischen auch planungsrechtliche Ziele durchgesetzt werden können. Details zum Maß der baulichen Nutzung (Anzahl der Vollgeschosse, Traufhöhe, Firsthöhe) sind z.B. durch eine selbstständige Gestaltungssatzung nicht festsetzbar. Sollen Traufhöhe oder Firsthöhe festgesetzt werden, ist ein Bebauungsplan erforderlich. Im Geltungsbereich einer Gestaltungssatzung ergibt sich das zulässige Maß der baulichen Nutzung aus § 34 BauGB, welcher durch die Satzung nicht außer Kraft gesetzt wird.

Ein einfacher Bebauungsplan nach § 30 Abs.3 BauGB ist immer dann die richtige Wahl, wenn nur die Gestaltung des Ortsbildes zu sichern und zu

---

[2] Quelle: http://lexikon.meyers.de/meyers/Staedtebau

entwickeln ist durch Festsetzung von Gestaltungsvorschriften zuzüglich Festsetzung z.B. der höchstzulässigen Trauf- und Firsthöhen für alle den öffentlichen Straßenraum begrenzenden Gebäude. Hier ist z.b. ein kostengünstiger Textbebauungsplan geeignet, denn für diese begrenzte Zahl von Festsetzungen ist eine zeichnerische Darstellung nicht erforderlich. Wenn zur Sicherung eines geordneten Straßenraums auch eine Baugrenze oder Baulinie festgesetzt werden soll, wird ein einfacher Bebauungsplan mit Planzeichnung erforderlich.[3]

2.3 Erhaltungssatzung

Eine Erhaltungssatzung nach § 172 Abs.1 Nr.1 BauGB kann bei der Ortsbildgestaltung nur eine vorsorgende oder bestenfalls mitwirkende Rolle im Zusammenspiel mit anderen Planungsinstrumenten (Bebauungsplan, Gestaltungssatzung) übernehmen; sie dient nicht der aktiven Gestaltung und Entwicklung des Ortsbildes sondern nur der Erhaltung städtebaulicher Bereiche. Ohne Zusammenspiel mit einer Gestaltungssatzung ist sie primär nur ein Verhinderungsinstrument, das aber für die Gemeinde sehr hilfreich sein kann, um den Verlust von städtebaulich wertvollen, jedoch nicht denkmalgeschützten Objekten zu verhindern. Die unter Schutz gestellten Anlagen müssen städtebauliche Qualität besitzen.[4]

2.4 Gesetzliche Regelungen

Auf bundesweiter Ebene dient das Baugesetzbuch (BauGB) als Grundlage jeglicher Baulicher Planung und Maßnahme. Das BauGB selbst hat Einfluss auf Gestaltung, Struktur und Entwicklung hinsichtlich jeglicher Bauvorhaben. Es stellt eine Art Grundgerüst dar, das alle bundeseinheitlichen Vorgaben enthält, die in Deutschland beachtet werden müssen. Wichtig in diesem Fall sind alle Regelungen rund um die Bauleitplanung, die eine Gestaltungsvorschrift auf einheitlicher Ebene darstellt.

2.4.1 Baugesetzbuch (BauGB)

Das Baugesetzbuch (1. Kapitel, Allgemeines Städtebaurecht) regelt das städtebauliche Planungs- und Bodenrecht sowie das Erschließungsrecht. Die Regelung der Gestaltung baulicher Anlagen gehört zur Kompetenz des Bauordnungsrechts, das der Gesetzgebung der Länder überlassen ist. Deren Landesbauordnungen dienen u. a. der Gefahrenabwehr, der Verhinderung von verunstaltenden baulichen Anlagen, dem Schutz des Orts-

---

[3] Quelle: http://www.rauscher-architekt.de/gestaltungssatzung.htm
[4] Quelle: http://www.rauscher-architekt.de/gestaltungssatzung.htm

und Landschaftsbildes gegen ästhetisch störende Eingriffe sowie der Wahrung sozialer Belange. Die Gemeinden sind ermächtigt, besondere Gestaltungssatzungen zu erlassen und hiermit die Bebauungspläne zu ergänzen. Solche Satzungen sind eine Hilfe für Denkmalschutz und -pflege, wenn zu den Maßnahmen aufgrund von Denkmalschutzgesetzen weitere Bestimmungen getroffen werden sollen. Für die Planung und Realisierung städtebaulicher Sanierungsmaßnahmen zur Behebung städtebaulicher Missstände sowie für bedeutsame Entwicklungsmaßnahmen bietet das Baugesetzbuch (2. Kapitel, Besonderes Städtebaurecht) u. a. zusätzliche bodenrechtliche Handhaben. Durch das Bau- und Raumordnungsgesetz 1998 vom 18. 8. 1997 wurde eine Vielzahl von Sonderregelungen in das Baugesetzbuch integriert, u. a. der Vorhaben- und Erschließungsplan, die städtebaulichen Verträge und der naturschutzrechtliche Ausgleich für Eingriffe, die aufgrund von Bauleitplänen zu erwarten sind.[5]

2.4.2 Hessische Bauordnung (HBO)

Die Hessische Bauordnung sieht im §81 (bis 2002 §87) vor, dass Gemeinden eine gesonderte gesetzliche Satzung aufstellen können, wenn die grundlegenden Vorschriften wie BauGB und die LBO die Örtlichkeiten dahingehend nicht abdecken, als das gewisse Bauvorhaben die einzelnen Gebieten verschlechtern könnten. Dies betrifft vorwiegend die Gestaltungspunkte rund um ein Bauobjekt. Die HBO sieht dabei vor, folgende Punkte über eine Gestaltungssatzung zu regeln:

1. die äußere Gestaltung baulicher Anlagen und Warenautomaten zur Durchführung baugestalterischer Absichten oder zur Verwirklichung von Zielen des rationellen Umgangs mit Energie und Wasser in bestimmten, genau abgegrenzten bebauten oder unbebauten Teilen des Gemeindegebietes; die Vorschriften über Werbeanlagen und Warenautomaten können sich dabei auch auf deren Art, Größe und Anbringungsort erstrecken,

2. besondere Anforderungen an bauliche Anlagen und Warenautomaten zum Schutz bestimmter Bauten, Straßen, Plätze oder Gemeindeteile von geschichtlicher, künstlerischer oder städtebaulicher Bedeutung sowie von Baudenkmälern und Naturdenkmälern; dabei können nach den örtlichen Gegebenheiten insbesondere bestimmte Arten von Werbeanlagen und Warenautomaten ausgeschlossen werden,

---

[5] Quelle: http://lexikon.meyers.de/

3. die Gestaltung der Kinderspielplätze, der Lagerplätze, der Camping-, Zelt- und Wochenendplätze, der Standflächen für Abfallbehältnisse sowie über Notwendigkeit, Art, Gestaltung und Höhe von Einfriedungen; hierzu können auch Anforderungen an die Bepflanzung gestellt und die Verwendung von Pflanzen, insbesondere als Hecken, als Einfriedungen verlangt werden,

4. die Ausstattung, Gestaltung, Größe und Zahl der Stellplätze für Kraftfahrzeuge sowie der Abstellplätze für Fahrräder,

5. die Begrünung von baulichen Anlagen sowie über die Nutzung, Gestaltung und Bepflanzung der Grundstücksfreiflächen,

6. andere als die in § 6 Abs. 4 bis 6 und Abs. 9 vorgeschriebenen Tiefen der Abstandsflächen in bestimmten Gemeindeteilen zur

    a) Wahrung der baugeschichtlichen Bedeutung,

    b) Erhaltung der Eigenart von Gemeindeteilen oder

    c) Verdichtung der Bebauung in Kerngebieten ohne Wohnnutzung.

    Die Gemeindeteile sind in der Satzung genau zu bezeichnen. Geringere Abstände sind nur zulässig, wenn Gefahren im Sinne des § 3 Abs. 1 hierdurch nicht entstehen,

7. die Beschränkung von Werbeanlagen, Warenautomaten und Einfriedungen in bestimmten Gemeindeteilen[6]

2.4.3 Umweltaspekte

Immer wichtiger wird der Aspekt der Umweltschonung und Erhaltung. In den letzten Jahren sind durch stätige Änderungen der Vorschriften die Umweltaspekte gestiegen und gewinnen immer mehr an Beachtung. Ziel der gesetzlichen Umweltvorlagen soll sein, die noch vorhandenen Umweltressourcen zu schonen und zu schützen.

Den gesetzlichen Rahmen in Deutschland bilden das BauGB, das Umweltgesetzbuch (UGB), das Gesetz über Naturschutz und Landschaftspflege Bundesnaturschutzgesetz (BNatSchG), das Gesetz über ergänzende Vorschriften zu Rechtsbehelfen in Umweltangelegenheiten (UmwRG) sowie weitere spezifische Verordnungen und Gesetze.

Diese Berücksichtigung der Umwelt gewinnt auch immer mehr Wert in Gestaltungssatzungen und Erhaltungssatzungen, da die Umwelt in den

---

[6] Quelle: Hessische Bauordnung §81(1), Stand 15. Januar 2007

vergangenen Jahrzehnten nicht nachhaltig geschont wurde. Umso mehr ist es jetzt wichtig, diesen Aspekt auch in Gestaltungsatzungen für Gemeinden und ihrer Umgebung festzuhalten und zu versuchen, Umwelt und Natur zu erhalten.

2.5 Ziele einer Gestaltungssatzung

Grundsätzlich, bei guter Planung und Absprache mit Gemeinden und den Planern selbst, ist eine Gestaltungssatzung nicht notwendig, wenn beide Parteien genau wissen, was zu beachten ist, inwieweit man Möglichkeiten zulässt und inwieweit man diese einschränken muss. Dennoch kann eine Gestaltungssatzung eine gute Grundlage sein, um alle notwendigen Punkte zur Einhaltung gewisser Kriterien in einer Gemeinde zu beachten. Das Ziel soll es sein, eine Änderung in einer Gemeinde mit einer Satzung so zu leiten, dass diese keine oder nur wenig Auswirkungen auf das Stadtbild und seinen Charakter hat. Bestenfalls jedoch eine Änderung in positive Richtung.

Die Ziele von Gestaltungssatzungen sind sehr unterschiedlich, da die Satzungen genau auf die betroffenen Kommunen zugeschnitten und abgestimmt sind. Jedoch sind häufig ähnliche Ziele zu erkennen. Diese können sein: Die Erhaltung eines Stadtbildes, die historische Sanierung und der Wiederaufbau von vorhandenen historischen Gebäuden und Gebieten. Meist hat eine Gestaltungssatzung für die betroffene Gemeinde das Ziel, Baufehler und Baumängel für die Zukunft zu unterdrücken. Die ist ein allgemein angenommener Fehler von Kommunen und Gemeinden, mit einer Gestaltungssatzung dagegen einwirken zu können. Eine Gestaltungssatzung bietet keine gestalterische Grundlage, sondern weist auf allgemeine bauliche und sanierungstechnische Schritte und Materialien hin. Sie kann nicht vorschreiben wie ein Gebäude gebaut oder ein Gebiet saniert bzw. gestaltet wird. Es ist auch auffallend, dass viele Gemeinden einfach eine Gestaltungssatzung aus benachbarten Gemeinden „abschreiben" und denken, damit ist ihre „Arbeit" getan, die Planer müssen es so beachten und einhalten/übernehmen und es würde funktionieren. Diese Zweckentfremdung einer Gestaltungssatzung führt meist noch zu größeren Problemen, die erst nach Jahren sichtbar werden, da sich die betroffenen Gemeinden kein Bild über gewisse Kriterien und Punkte zur Erhaltung des Stadtcharakters machen und sich der Notwendigkeit einer guten, spezifischen Gestaltungssatzung nicht bewusst sind.

Ziel einer Gestaltungssatzung sollte es deshalb sein, die vorhandene Strukturen und Potentiale zu erkennen und zu fördern. Sind die vorhandenen Strukturen in einer Gestaltungssatzung erkannt und beschrieben, ist dies eine zusätzliche Hilfe und Orientierung für planerische Vorhaben. Die vorgeschriebenen Punkte einer Gestaltungssatzung können somit besser beachtet werden. Als Beispiel ist hier ein Auszug einer Gestaltungssatzung des Stadtteils Handschuhsheim der Stadt Heidelberg, die schön zeigt/gut veranschaulicht, dass hier das Potential erkannt wurde. Darüber hinaus wird deutlich, wie wichtig diese für die Planungen sind.

> „…Im Ortsbild des Stadtteils Handschuhsheim spiegeln sich in besonderem Maße die verschiedenen Entwicklungsphasen mit ihren unterschiedlichen Gestaltungselementen wider.
>
> Der historische Ortskern mit stark dörflichem Charakter zeigt insbesondere im mittleren Bereich der Mühltalstraße und Handschuhsheimer Landstraße noch eine regelmäßig ausgeformte geschlossene Straßenrandbebauung. Die ehemaligen Hauptstraßen, wie auch die mit landwirtschaftlichen oder handwerklichen Gehöften besetzten Seitenstraßen, sind in ihrer Struktur erhalten. Der Ortskern ist für das Ortsbild besonders wichtig, denn hier sind noch die alten Handelsachsen erkennbar, die Mühlen weisen auf die Nutzung der Wasserkraft hin, die Gebäude sind durch die Nutzungen Gartenbau und Landwirtschaft geprägt, Einige der Anwesen sind noch als Fränkische Gehöfte oder Torfahrthäuser zu erkennen.
>
> Im ausgehenden 19. Jahrhundert bis zur Eingemeindung im Jahre 1903 und in den darauffolgenden Jahren bis 1909 veränderte sich der Kern von Handschuhsheim am stärksten. Der Ortsgrundriss erreichte damit ungefähr den heutigen Zustand. In dieser Phase wurden Teilbereiche des Dorfes grundsätzlich verändert und an die neuen Bedürfnisse der Stadt angepasst. Die großen Dorferweiterungen um Friedensstraße und Kriegsstraße wurden entwickelt und Straßenführungen z.B. im Umfeld der Tiefburg verändert.
>
> Nach 1909 begann eine intensive Außenentwicklung. Im Ortskern wurde nur noch partiell verdichtet, der Charakter blieb weitgehend erhalten…." [7]

Diese Beschreibung steht vor der eigentlichen Satzung und verdeutlicht, wie viel Wert auf die gestalterischen Merkmale eines Stadtteils gelegt wird. Das Ziel dieser Gestaltungssatzung ist in der Beschreibung schon klar zu erkennen, die Erhaltung des Charakters des Stadtkerns.

Ziel ist es mit einer übersichtlichen, hilfreichen und klar strukturierten Satzung eine Gemeinde vor den Veränderungen des Ursprungs und dessen Charakters zu bewahren und diesen so weit wie möglich zu erhalten.

---

[7] Quelle: http://www.tiefburg.de

Ziele einer Satzung können sein[8]:
- Erhalten und Bewahren von historischer Bausubstanz
- Wiederherstellen und Bereinigung von historischer Bausubstanz
- Rekonstruieren zerstörter historischer Substanz
- Errichten von Neubauten im Zusammenhang mit historischer Substanz
- Realisieren einer neuen Konzeption

Weitere Ziele können sein, Sichtkonzepte, Einheitliche Materialwahl, Eingrenzung von Bauelementen (Werbung) und Beseitigung weiterer Dinge, die störend wirken können.

---

[8] Quelle der Auflistung: Joachim Matthaei, Gestaltung und Satzung – Baufreiheit oder verordnete Baugestaltung

3 Entstehung einer Gestaltungssatzung

Für die Entstehung einer Gestaltungssatzung gibt es ebenfalls unzählige Gründe, die aufzuzählen, Seiten füllen würden. Dennoch sind auch bei der Entstehung verschiedene Grundansätze zu erkennen.

Deshalb ist es für die Entwicklung einer Gestaltungssatzung von großer Wichtigkeit, den Ort mit seinen Eigenschaften zu erhalten und nicht durch Neues zu zerstören. Erst durch Beschränkung auf das Wichtige ist eine gute Gestaltungsatzung möglich. Fragen um Kriterien heraus zu finden, können sein: „Wie viel neues kann man zulassen, und wie viel Altes ist noch vorhanden. Lohnt es sich Altes weiter zu erhalten?". Desweiteren sollte in Betracht gezogen werden, ob es Dinge gibt, die die Entwicklung der Stadt in Zukunft behindern könnten. Je kleiner der Ort oder der betroffene Bereich, desto besser kann man eine ordentliche Gestaltungsatzung erstellen. Betrifft die Satzung ein größeres Gebiet, ist es schwieriger, alle wichtigen Punkte zu erfassen und mit aufzunehmen. Die Übersicht wird unklarer und mehr unterschiedliche Merkmale treffen aufeinander

Nachdem die gesetzliche Grundlage durch BauGB und HBO geschaffen ist und diese in der Entwicklung berücksichtigt wurde, liegt es bei jeder Gemeinde selbst, was sie mit einer Gestaltungssatzung einschränken bzw. fördern möchte.

Eine Vielzahl an Gestaltungssatzungen entstand in Deutschland in den siebziger Jahren, dementsprechend sind viele verschiedene Satzungen vorhanden. Diese Satzungen sind im Grunde ein gutes Fundament, welche in manchen Gemeinden die Örtlichkeit erhalten hat, und dennoch der Entwicklung von neuen Ideen nicht im Wege stand. Aber nichts desto trotz, gibt es auch hier Beispiele, bei denen eine Gestaltungssatzung eher das Gegenteil bewirkte. Gerade in diesen Gemeinden hat man erkannt, dass Handlungsbedarf besteht. Viele Gemeinden sind bereit, ihre vorhandene Satzung zu ändern oder neu aufzusetzen. Mit der Zeit besteht die Gefahr, dass immer mehr neue Ideen auf ältere treffen. Wie sich das auswirkt kann man nur erahnen und versuchen, in die richtige Richtung zu lenken.

3.1 Anlass einer Satzung

Die größten Probleme sind in der Regel bauplanerische Fehler und die Zerstörung vorhandener Potentiale. Von diesen Fehlern geleitet, werden üblicherweise ohne wirkliche Planung und Erarbeitung Gestaltungssatzungen in Eile aufgestellt, und haben weder einen wirklichen Bezug auf Charakter und Potential des Ortes, noch sind sie wirklich anwendbar, da fast immer Widersprüche zur Örtlichkeit zu erkennen sind.

Hier ist der Anlass einer neuen Gestaltungssatzung nur sinnvoll, wenn diese Fehler erkannt werden und diese für andere neue Pläne gemieden werden soll.

Darum ist besonders nützlich, den vorhandenen Bestand zu analysieren, diesen mit einzubeziehen, ggf. gemeinsame Eigenheiten festzustellen und diese in positiver Hinsicht zu erhalten. Diese mit in eine Satzung aufzunehmen ist nützlich und hilfreich, da dies zur Orientierung neuer Pläne dienen kann.

Ein weiterer Anregungspunkt für eine Gestaltungssatzung kann die Erweiterung durch neue Baugebiete sein. Sind neue Gebiete in einer Gemeinde geplant, ist es auch hier wichtig, ein Gesamtbild für das bestehende Stadtbild zu wahren.

Was früher aus der Not heraus entstanden ist, wird heute mit viel mehr Sorgfalt geplant. Die Vergangenheit zeigt, wie viele Fehler entstehen können. Dennoch sind Fehler, die in Zukunft entstehen, nicht zu 100% absehbar. Man kann nur versuchen, aus den bestehenden Fehlern zu lernen und diese nicht zu wiederholen.

Einige Gemeinden und Städte planen nur durch Bebauungspläne. Mit Bebauungsplänen allein haben die Gemeinden und Städte einen entscheidenden Nachteil: Bebauungspläne sind nur ein Grundgerüst für die Dauer der jeweiligen Planungsphase. Sie sollen die Planung in eine gewisse Richtung lenken. Eine Satzung hingegen kann dauerhaft bestehen. Um diesen entscheidenden Vorteil zu nutzen, sind auch Gemeinden daran interessiert, für bestimmte Gebiete neue Satzungen aufzustellen, die bisher keine oder nur veraltete Gestaltungssatzungen haben.

3.2 Entwicklung

Im Vordergrund der Entwicklung einer Gestaltungssatzung steht das Konzept einer rechtsverbindlichen Satzung. Erst durch konkrete rechtsverbindliche Satzungen ist die Möglichkeit vorhanden, konkrete Eingriffe in Planung zu haben. Deshalb dient das Konzept als Erweiterung und Hilfe einer Gestaltungssatzung und macht im frühen Status erkenntlich, worauf die eigentlichen Punkte zielen und eingreifen.

Es müssen zunächst folgende Fragen geklärt werden: „Welche Möglichkeiten gibt es? Welche Gebiete sind betroffen? Wie soll die Gestaltungssatzung aussehen? Und wie weit kann die Gemeinde vorschreiben, was erlaubt und was zu lassen ist?"

Mit einer Gestaltungssatzung wird eine rechtsverbindliche Bestimmung festgelegt, die Einschränkungen in private Bereiche vorschreibt. Deshalb sind auch nur solche Satzungen möglich, die sachgerecht und im Rahmen des grundgesetzlichen Modells eines sozialgebundenen Privateigentums eine angemessen Abwägung der Belange des Einzelnen, und der Allgemeinheit erkennen lassen[9].

Die Gemeinde muss hierzu auch alle relevanten Umstände und Betroffenenbelange heranziehen. Unter diesen Umständen muss die Gemeinde zu Zielen kommen, denen keine schwere Fehlgewichtung der Belange zugrunde liegt. Die Ergebnisse müssen in eine übersichtliche, verständliche und klare Form gebracht werden, die es dem bauwilligen Bürger ermöglicht, sicher zu erkennen, welchen gestalterischen Beschränkungen er unterliegt.

In der Entwicklung muss untersucht werden:

- Die nach der Landesbauordnung regelbaren Bereiche
- Die Auswahl des Regelbereichs
- Die Intensität der Regelungen
- Die Zusammenstellung der Satzungskomponenten
- Die Formulierung der Satzungsaussagen

Die Entwicklung an sich kann man in ein Modell mit einzelnen Phasen zusammenfassen, das wie folgt aussehen kann:

---

[9] Quelle: Verwaltungsgericht Karlsruhe, 204/81

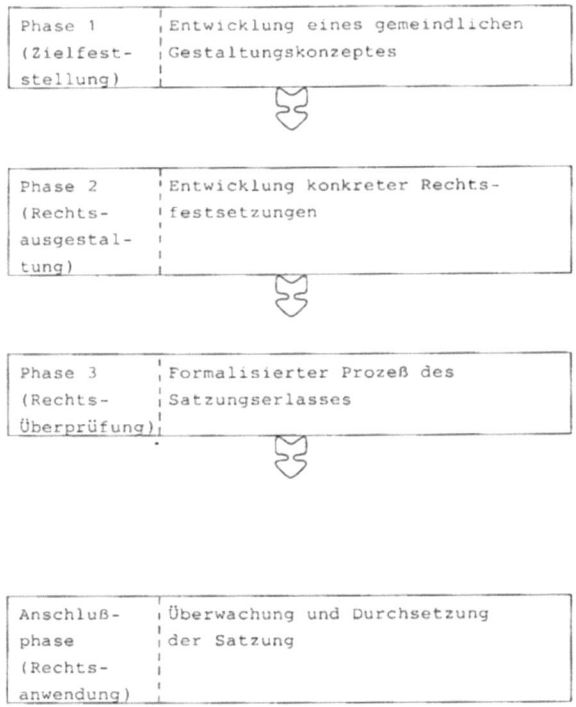

Abbildung 1: Modell der Satzungsentstehung[10]

In der Phase der Überwachung und Durchsetzung der Satzung ist von besonderem Interesse, inwieweit die Wirkung einer Satzung letztlich den verfolgten Intentionen entsprechen.

Die vorhandenen und vorliegenden Untersuchungen müssen entsprechend auf den Problemkreis mit Einhaltung der Normen bezogen werden. Hierbei muss beobachtet werden, wo und unter welchen Gegebenheiten mit einer geplanten oder ungeplanten Nichteinhaltung der Vorschriften gerechnet werden muss.[11]

3.3 Zielfeststellung

Nach den Überlegungen zu einer Gestaltungssatzung folgt der bedeutsame Schritt der Zielsetzung. In diesem Verfahren wird auf die Fragen

---

[10] Quelle: Andreas Schomerus, Die Gestaltungssatzung als Instrument der Dorfentwicklung
[11] Quelle: Andreas Schomerus, Die Gestaltungssatzung als Instrument der Dorfentwicklung

nach dem „Wann", dem „Warum" und dem grundsätzlichen „Wie" einer Regelung bestimmt. Dieser Entscheidungsprozess hat sich dabei auch an juristischen Vorabentscheidungen zu orientieren. Das bedeutet, der Prozess muss den rechtsstaatlichen Forderungen, dem Demokratieprinzip und den daraus abgeleiteten Rechtsetzungen genügen.

Es sind in der Phase folgende rechtliche, insbesondere verfassungsrechtliche Maßgaben zu beachten:

1. Die Eigentumsgarantie des Art. 14 des Grundgesetzes verlangt die gleichzeitige Anerkennung von Privateigentum im Sinne einer weitgehend freien Verfügbarkeit und Nutzbarkeit des einzelnen Eigentumsgegenstandes auf der einen Seite und der Sozialpflichtigkeit des Privateigentums im Sinne einer Rücksichtnahme auf Belange der Allgemeinheit bei seiner Verfügbarkeit und Nutzbarkeit auf der anderen Seite. Das bedeutet, im Zweifelsfall wird das private Interesse, im Gegensatz zum öffentlichen Interesse nach Art. 14 GG ausgewogen im gleichen Verhältnis behandelt und berücksichtigt.

2. Innerhalb der Abwägung muss eine sachgerechte Erwägung angestellt werden. Dies bedeutet, wenn festgestellt wird, welche konkreten Belange in welcher Wertigkeit in der konkreten örtlichen Situation gegeneinanderstehen. Dazu gehört eine „genaue Bestandsaufnahme" des betroffenen Gebietes. Sachlich vorgegebene oder verbessernde Gründe wie Straßen-, Orts- oder Landschaftsbild sind entscheidend für gestalterische Ziele[12].

3. Der Grundsatz der in Punkt 1. und 2. genannten Verhältnismäßigkeit fordert zudem zur Erstellung gesetzlicher Gestaltungsvorlagen, dass die zu entwickelnde Konzeption, geeignet sowie erforderlich ist. Dies kann erreicht werden wenn die zu erwartenden Einschränkungen des individuellen gestalterischen Ausdrucks in einem vernünftigen Verhältnis zu den angestrebten Zielen der Konzeption stehen. Das Konzept an sich lässt meistens noch keine Rückschlüsse zu, ob dies der Fall sein wird. Eine Prüfung wird bei der konkreten Rechtfestsetzung relevant.

4. Bereits in der Planung einer Gestaltungssatzung muss die Berücksichtigung des Gleichheitsgrundsatzes erkennbar sein. Übereinstimmende Gebiete mit gleichen baugestalterischen relevanten Merkmalen können gleich geregelt werden und in eine Gestal-

---

[12] Quelle: Urteil OVG Münster, 30.06.1981

tungssatzung zusammengefasst werden. Für ungleiche Gebiete sind verschiedene Konzepte zu entwickeln.

Es ist der Gemeinde zu empfehlen, in einer Untersuchung folgende Grundsätze zu erarbeiten, um eine Aussage kräftige und konkrete Gestaltungssatzung erstellen zu können:

1. Feststellung des Anlasses einer Gestaltungssatzung.
2. Baugestalterische Bestandsaufnahme durch eine Analyse gestaltungsrelevanter Verhältnisse und Strukturen.
3. Entwicklung eines Gestaltungskonzept auf der Grundlage der gewonnen Ergebnisse.
4. Abgrenzung eines räumlichen Wirkungsbereichs für die Konzeption.[13]

Eine Gestaltungssatzung ist keine „Käseglocke", die Bauvorhaben einschließt, eine Gestaltungssatzung lehnt sich an die Landesbauordnungen an!

Es gilt die Regelungskette:

Baugesetzbuch → Landesbauordnung → Satzung

Sind die Bedingungen von Baugesetzbuch und der Landesbauordnung erfüllt und eingehalten, so gilt für die Gemeinde eine Satzungsfreiheit, und sie kann frei über Ihre Satzung entscheiden.

3.4 Ausführung einer Gestaltungssatzung

Grundsätzlich unterliegt eine Gestaltungssatzung vor der Anwendung gewisser Verfahrensstufen der Rechtsanwendung. Diese Stufen sind anzuwenden an geänderten sowie neu aufgestellten Satzungen. Grundsätzlich ist eine geänderte Gestaltungssatzung zu handhaben wie eine neu aufgesetzte.

Folgende Stufen sind bis zur Rechtswirksamkeit nötig:

- Auslegungsverfahren
- Prüfungsverfahren
- Beschlussverfahren
- Genehmigungsverfahren
- Bekanntmachungsverfahren

---

[13] Quelle: Andreas Schomerus, Die Gestaltungssatzung als Instrument der Dorfentwicklung

Erst wenn die Bekanntmachung durchgeführt wurde, ist die Satzung für jedermann einsehbar und bindend für Bauvorhaben in den betroffenen Gebieten.

3.4.1 Auslegungsverfahren

Der Gemeinderat beschließt den festgelegten Entwurf und dessen öffentliche Auslegung mit einem Erläuterungsbericht oder einer Begründung mit einer Dauer von einem Monat. Mindestens eine Woche davor veröffentlicht der Bürgermeister eine Bekanntmachung der öffentlichen Auslegung, damit in der Zeit Bedenken und Anregungen vorgebracht werden können. Gleichzeitig sind benachbarten Gemeinden sowie die Träger der öffentlichen Belange von der Auslegung zu benachrichtigen.

3.4.2 Prüfungsverfahren

Im Prüfungsverfahren entscheidet und prüft der Gemeinderat die fristgemäßen vorgebrachten Anregungen, Kritiken und Bedenken. Danach teilt der Bürgermeister den jeweiligen Personen die Einwände vorgebracht haben das Ergebnis mit. Haben mehr als 100 Personen Bedenken und Anregungen mit im wesentlichen gleichen Inhalt vorgebracht, kann die Mitteilung des Ergebnisses der Prüfung dadurch ersetzt werden, dass die Gemeinde diesen Personen die Einsicht in das Ergebnis ermöglicht. Das Stadtplanungsamt sowie der Gemeinderat und der Bürgermeister müssen bei Berücksichtigung der Anregungen und Bedenken ggf. den Entwurf neu bearbeiten. Unter Umständen ist ein neues Auslegungs- und Prüfungsverfahren notwendig.

3.4.3 Das Beschlussverfahren

Der Gemeinderat hat gegenüber dem Bürgermeister die Möglichkeit einer schriftlichen Einberufung. Mit einer angemessener Frist unter gleichzeitiger Mitteilung des Verhandlungsgegenstandes. Es findet eine öffentliche Beratung des Gemeinderates statt. Nach dieser Beratung wird eine Beschlussfassung durch den beschlussfähigen Gemeinderat erstellt. Die Beschlussfassung ist auch dann erforderlich, wenn im Auslegungsverfahren keine Anregungen und Bedenken vorgebracht wurden und der Gemeinderat deshalb keine Veranlassung hätte von dem bereits beschlossenen Entwurf abzuweichen.

3.4.4 Das Genehmigungsverfahren

Der Bürgermeister übergibt die Vorlage des beschlossenen Entwurfs an die Genehmigungsbehörde. Das Landratsamt oder das Regierungspräsidium entscheidet über die Genehmigung des Entwurfs, ggf. mit oder ohne Auflagen. Sind etwaige Auflagen zu erfüllen so ist unter Umständen durch den Gemeinderat, dem Bürgermeister sowie dem Stadtplanungsamt ein erneutes Auslegungs-, Prüfungs- und Genehmigungsverfahren notwendig.

3.4.5 Das Bekanntmachungsverfahren

Die Gestaltungssatzung ist nach der Genehmigung bekannt zu geben. Die geschieht meist über Ortsübliche Bekanntmachungen, mit dem Hinweis an die Dienststelle in der die Satzung einsehbar ist. Zusätzlich ist eine Bereithaltung der genehmigten Satzung notwendig, so dass sie für jedermann einsehbar ist.

Mit der Bekanntmachung der Satzung ist sie, wie oben beschrieben, meist auch gleich rechtsverbindlich.[14]

3.5 Anwendung einer Gestaltungssatzung

Es gibt viele Formen und Arten von Satzungen und Vorschriften. Die Gemeinden haben mit der Freiheit, eine eigene Satzung erstellen zu können, ein starkes Instrument zur Verfügung.

Tatsächlich nutzen vergleichsweise wenige Städte die Möglichkeit, die Fragen ihrer Stadtbildgestaltung durch Satzungen grundsätzlich zu regeln. Zwar erlassen Gemeinden in der Regel eine Sondernutzungssatzung. Diese regelt jedoch die Benutzung des öffentlichen Verkehrsraumes, also die Sondernutzung (vgl. Abgrenzung Sondernutzung - Gemeingebrauch in den Straßengesetzen der Länder). Über explizite Gestaltungssatzungen hingegen verfügen nur wenige Gemeinden. Bei diesen zeigt sich, dass durch eine gezielte Ausschöpfung des rechtlichen Rahmens, etwa durch den Erlass einer Gestaltungs- oder Gesamtanlagenschutzsatzung gegebenenfalls in Verbindung mit dem Denkmalschutzgesetz, bereits eine gesetzgeberische Grundlage geschaffen werden kann, die die Durchsetzung einer attraktiven Innenstadt unabhängig von willkürlichen Einzelfallentscheidungen erleichtert.

---

[14] Quelle: Andreas Schomerus, Die Gestaltungssatzung als Instrument der Dorfentwicklung

Zu bedenken ist jedoch, dass Städte wie Bamberg oder Heidelberg, die zum Weltkulturerbe der UNESCO gehören, grundsätzlich über einen größeren Spielraum bei der gesetzlichen Reglementierung verfügen. Durch Einbeziehung des Landesdenkmalgesetzes in ihre Gestaltungssatzungen können sie effektivere, strengere gesetzliche Regelungen schaffen. Somit sind sie vergleichsweise nur begrenzt abhängig von der Einsicht (Problembewusstsein) des Einzelhandels.

Diese Möglichkeit steht vielen anderen Städten, insbesondere den Großstädten, nicht gleichermaßen offen. Aber auch eine Steuerung über Gebühren oder gesetzliche Sanktionen liefe ins Leere, da der Einzelhandel ja nicht in seinen Investitionen gehindert werden soll. Demnach sind die Städte darauf angewiesen, dem Handel den für ihn relevanten wirtschaftlichen Nutzen eines homogenen, attraktiven Stadtbildes zu vermitteln.

Das Stadtbild zahlreicher Innenstädte wird oft dadurch gestört, dass sich die Einzelhändler nicht auf eine einheitliche Gestaltung der Bereiche ihrer Straßennutzung verständigen. Fraglich ist daher, inwiefern Städte und Einzelhändler diesem Problem begegnen können, um letztlich auch über die Schaffung eines homogenen und ästhetischen Stadtbildes, die Attraktivität und damit die Wirtschaftlichkeit ihrer Innenstädte zu erhöhen. Sowohl fehlende städtische Vorgaben als auch ein "Zuviel" an Reglementierung scheinen das Ziel zu verfehlen. Nicht selten treten Konflikte zwischen Einzelhändlern, Kommunalpolitik und -verwaltung über die Ausführung und Anwendung der Satzungen auf, besonders in historischen Städten. Die Einzelhändler sehen die Regelungen für die Fassadengestaltung i. d. R. als zu streng an. Kunden, insbesondere Touristen, würden nicht genügend auf Geschäfte aufmerksam. Kommunalvertreter halten strenge Regelungen dagegen für besonders gut geeignet, um die Stadt als einen herausragenden Ort zu erhalten und zu entwickeln.

Allerdings ist es allen Städten gleichermaßen unmöglich, jeden Problemaspekt sinnvoll durch Satzungen zu regeln. Folglich kann die hier in Rede stehende Frage der Stadtbildgestaltung allein auf gesetzlichem Wege nicht zufriedenstellend geregelt werden. Eine ständige Kommunikation mit den Einzelhändlern und die Entwicklung gemeinsamer Initiativen bleiben somit unentbehrlich. Die entscheidende Bedeutung kommt damit den kommunikativen Mitteln zu.

Die Stadtverwaltungen müssen sich fragen, welcher gesetzgeberische Spielraum ihnen in Bezug auf die Stadtbildgestaltung zusteht, welcher vor Ort überhaupt sinnvoll ist und wie sie diesen im Dienste eines hochwertigen Stadtbildes und einer optimalen Standortwerbung ausnutzen können. Der Einzelhandel seinerseits muss sich bewusst machen, inwiefern eine Vermarktung der Innenstadt als gemeinsamer Standort für jeden einzelnen vorteilhafter ist als Einzelwerbung.[15]

3.6 Besonderheiten - regional und landesspezifisch

Die aktuellen Landesbauordnungen der Länder wurden mit den Jahren immer mehr angeglichen. Dies soll zur Folge haben, dass regional die gleichen Bedingungen herrschen und eventuell über die Gemeinde hinaus, weitere Satzungen zur Sicherung von Gebieten regional verfasst werden. Dies kann nur sinnvoll entstehen, wenn die Gemeinden sich zusammen an einen Tisch setzen und gemeinsam eine Satzung ausarbeiten. Momentan ist die Situation noch ziemlich neu und einige Gemeinden sind jetzt erst dabei, eine durchdachte Satzung für ihre Gemeinde zu erarbeiten. In den nächsten Jahren werden die ersten regionalen Satzungen verfasst und betreffen ganze regionale Gebiete. Der Sinn der dahinter steht, ist eine regional einheitliche Gestaltung, die dennoch soweit eingreift, das trotz alledem eine Gemeinde ihre eigene spezifische und angepasste Satzung besitzt, die auf bestimmte Gebiete innerhalb der Gemeinde zugeschnitten ist. Wird das Ganze in der Übersicht betrachtet, so sind flächendeckend in Deutschland Gebiete vorhanden, die jeweils ihre eigenen Charakter haben und so viel besser kontrolliert und erhalten werden können.

Die Problematik die dahinter steckt, ist die des Einzelhandels, der sich in Städten kaum noch gegen außerhalb liegende Einkaufszentren behaupten kann. In einer überregionalen Fassung bilden die Einzelhändler der jeweiligen Gemeinden eine stärkere Gemeinschaft, die dann eher gegen die Einkaufszentren konkurrieren kann. Das alte Spiel von Angebot und Nachfrage kann so auf einem weiteren Gebiet besser angeglichen werden. Auch hier ist die Frage der Gesamtwerbung viel interessanter, als die der Einzelwerbung der einzelnen Händler. Wenn ein ganzes Gebiet auf einheitliche Gestaltung auch in Sachen Vermarktung (Werbung) setzt, ist das ein Zeichen gegen die Einkaufszentren gesetzt und die Ortskerne werden damit auch wieder viel attraktiver. Die Besonderheit liegt in der Erhaltung der spezifischen Gebiete und Orte.

Die vielen Bundesländer in Deutschland sind so unterschiedlich in ihrer Kultur, Erscheinung, und den Gebieten, dass eine jeweilig zugehörige Landesbauordnung sinnvoll ist und die Möglichkeit, eine Satzung zu den einzelnen örtlichen Gegebenheiten zu erstellen, ein besonderes und vor allen Dingen sinnvolles Instrument darstellt. Dennoch muss festgehalten

---

[15] Quelle: DSSW, Anwendung von Gestaltungssatzungen und Sondernutzungsgebühren in Innenstädten (2000)

werden, ein charakteristisches Gebiet macht keinen Halt vor Landesgrenzen und gerade hier sind einheitliche regionale Satzungen sehr sinnvoll und helfen, ein Gebiet so zu erhalten, wie es sein sollte.

4 Beispiel einer Gestaltungssatzung an der Stadt Limburg a. d. Lahn

Limburg a. d. Lahn ist eine Kreisstadt des Landkreises Limburg-Weilburg in Hessen. Sie hat momentan 33 700 Einwohner und liegt im fruchtbaren Limburger Becken zwischen Taunus und Westerwald. Die Stadt Limburg ist ein katholischer Bischofssitz.. Sie besitzt außerdem den Sitz des Deutschen Centrums für Chormusik, einige Fachschulen, ein Priesterseminar, ein Diözesanmuseum, Metall verarbeitende-, elektrotechnisch-elektronische-, pharmazeutische-, Verpackungs-, Nahrungsmittelindustrie sowie einige Glashütten.

Über der Stadt liegt, auf einem steil zur Lahn abfallenden Kalkhügel, der 1235 vollendete spätromanische Dom Sankt Georg, der zu einer Baugruppe mit der von den Isenburgern erbauten Burg (13.-16. Jahrhundert) verbunden ist. Weitere Bauten wie die Lahnbrücke (vollendet 1341), Teile der Stadtbefestigung, das Rathaus (wohl noch 14. Jahrhundert, Obergeschosse im 18. Jahrhundert umgebaut), Adelshöfe und viele Fachwerkhäuser erinnern an das mittelalterliche Stadtbild.

Abbildung 2: St. Georg Dom, Limburg

Limburg a. d. Lahn wurde um 910 erstmals erwähnt (Gründung des Stifts Sankt Georg). Um 1200 wurde Limburg zur Stadt ernannt. Im Jahre 1803 zählte Limburg zum Gebiet von Nassau, 1866 fiel es an die Preußen. Das Bistum Limburg wurde 1827 für das Herzogtum Nassau und die Reichsstadt Frankfurt am Main errichtet. 1929 wurde es territorial neu umschrieben und als Suffraganbistum in die Kirchenprovinz Köln eingegliedert.[16]

Abbildung 3: Altstadt Limburg a. d. Lahn

Limburg a. d. Lahn hat eine bedeutsame Altstadt mit vielen Facetten und reichlich Fachwerkhäusern. Schon früh war eine bestimmte Gestaltung des Stadtkerns zu erkennen. Einige alte Schriften untermauern die bisher angenommene frühe Gestaltungsvorschrift. Diese geben Hinweise darauf, wie die Gebäude im Grunde zu gestalten sind.

---

[16] Quelle: http://lexikon.meyers.de/meyers/Limburg_a._d._Lahn

4.1 Anforderungen

Nach den harten Kriegsjahren des 2. Weltkrieges, waren viele Altstädte in Deutschland zerstört worden. Trotz des Krieges selbst ist auf wundersame Weise die Altstadt von Limburg zum größten Teil verschont geblieben. Die vorhandenen Trümmer und die vorhandenen Kriegsschäden galt es zunächst erst einmal zu beseitigen. Wobei ein Teil der Stadterweiterung des 19. Jahrhunderts durch maßstabslose Neubauten zerstört wurde. Nach der wirtschaftlichen Stagnation der fünfziger Jahre begann man erst im Jahre 1967 über eine örtliche Gestaltungssatzung für den Bereich der Altstadt zu sprechen. In diesem Jahr veranlassten die Stadtverordneten eine „Ortssatzung über die Bebauung und Bauunterhaltung im historischen Stadtkern der Stadt Limburg a. d. Lahn". Diese Satzung versuchte insbesondere die Unterhaltung der vorhandenen Gebäude zu regeln, machte aber auch allgemeine Auflagen für Neubauten oder Neubaustellen. Die darin gemachten Angaben waren in vielen Teilen sehr vage. Es blieb bei allgemeinen Forderungen wie „Bauwerke, Bauteile und Bauzubehör sind so auszuführen, dass die Eigenart oder die auf Grund rechtsverbindlicher Planung beabsichtigte Gestaltung des Straßen-, Stadt-, oder Landschaftsbildes nicht stören". Dagegen waren einige Vorschriften übergenau, sie wären satzungskonform gewesen, aber wären komplett aus dem Rahmen gefallen. Zum Beispiel die Vorschrift über Dachschrägen, in der Satzung war vorgeschrieben das die Dachneigung mindestens 45° betragen sollte, die Häuser der Altstadt aber eine Schräge von 50°-70° besaßen. Dies hätte bedeutet, dass jedes Dach unter 50° Neigung satzungskonform gewesen wäre, was dennoch nicht zu einem einheitlichen Bild geführt hätte.

Erst durch die Neuverfassung der Hessischen Bauordnung, die auf diesen aufbauenden Ortssatzungen ungültig machten, wurde die alte Fassung der Stadt Limburg neu aufgesetzt. Im Grunde wurde die alte Satzung an die neue Regelung angepasst, ohne wirklich auf die Notwendigkeit und die Erkenntnisse der vorhandenen Struktur einzugehen.

Diese Liste als Satzung wies nicht nur erhebliche Lücken, sondern auch grobe Fehler auf, die unterlaufen waren.

Daraufhin wurde von der Vereinigung für Stadtpflege und Stadtgestaltung Bürgerinitiative Limburg e.V. eine exakte Bestandsaufnahme der Altstadt und Klassifizierung der Gebäude erarbeitet und den Stadtverordneten zugestellt.

In dieser Form wurde sie mit der Auflage, dass die Architektenschaft mit herangezogen werden sollte, am 28. Juni 1978 in Kraft gesetzt.

Die Limburger Architekten bildeten eine Arbeitsgemeinschaft und erarbeiteten eine ganz neue Satzung, in der wesentliche städtebauliche Bezüge, Volumen, Dachneigung, Lage in Bezug auf die Nachbarbebauung, Lichtraumprofile der Straßen usw. genauer definiert wurden. In den Einzelauflagen wurden kleinliche Verbotslisten vermieden, um somit Anforderungen an Baumaterialen viel weiter fassen zu können als bisher.

Somit wurde die Satzung im Wesentlichen den Anforderungen gerecht, das kulturelle Erbe der Altstadt und seinen Charakter zu erhalten und zu pflegen.[17]

Diese Satzung ist in den Hauptbestandteilen bis heute in Kraft und wurde in den Jahren nur an die sich ändernde Hessische Bauordnung angepasst. In der Anlage ist die bis heute gültige Ortssatzung der Stadt Limburg aufgelistet und entsprechend an die heutige Zeit angeglichen.[18]

4.2 Besonderheiten

Besonderheit an dieser Satzung ist, dass trotz der eklatanten gemachten Fehler der Gestaltungssatzungen in der Nachkriegszeit, wesentliche Baufehler in der Ausführung vermieden worden sind. Dies liegt daran, dass von Anfang an in der Nachkriegszeit, einfach der „gesunde Menschenverstand" und der Sinn für die Erhaltung des Altstadtbildes bei den Bürgern gesiegt hatte. Vielleicht kann es auch daran liegen, dass die Altstadt mehr erhalten war, als dass sie durch den Krieg zerstört wurde. Dies hätte auch in eine ganz andere Richtung gehen können. Die neuangeschlossenen Gebiete rund um den Altstadtkern zeigen dies deutlich. Gerade in den fünfziger Jahren wurde hier eine Vielzahl an Neubauten gestaltet, die sich nicht in das Altstadtbild einfügen lassen.

Dennoch, und das ist das verwunderliche an dieser alten Satzung, wurde sie als Vorlage oftmals von anderen Gemeinden kopiert und angewandt. Diese Satzung gab es in den Nachkriegsjahren als Vorlage, die aber bei weitem keine gute Grundlage bildete.

Eine weitere Besonderheit ist die Zusammenkunft der Bürgerinitiative in den Sechzigern, die sich Gedanken rund um das Stadtbild gemacht und somit den ausschlaggebenden Schritt zu einer besseren und passenderen Satzung gegeben hatte. Erst dadurch wurde die Stadt „aufgerüttelt" und sah auch selbst, dass Handlungsbedarf an der vorhandenen Satzung nötig war. Darüber hinaus war die Einbindung von Architekten eine weitere

---

[17] Quelle: Joachim Matthaei, Gestaltung und Satzung – Baufreiheit oder verordnete Baugestaltung
[18] Siehe Anhang

vernünftige Entscheidung, die, logischer Weise, zu einer besseren und eindeutigeren Satzung führte.

Durch die Satzung im Jahre 1978 wird auch deutlich, wie viel allein nicht nur durch den Denkmalschutz selbst, sondern erst durch eine weitere örtliche Satzung nötig ist.

Limburg besitzt noch immer den an die Frankfurter Altstadt angelehnten Charakter von alten Fachwerkhäusern, mit Kopfstein bepflasterten Straßen und alten denkmalgeschützten Gebäuden wie das alte Rathaus oder der St. Georg Dom.

5 Beispiel einer Gestaltungssatzung an der Stadt Michelstadt

In der in dem Land Hessen liegende Stadt Michelstadt wohnen mit seinen umliegenden Stadtteilen etwa 17.200 Menschen. Durch die Eingemeindungen verfügt Michelstadt über eine Fläche, die der frühmittelalterlichen Mark Michelstadt nur wenig nachsteht. Im Osten grenzt das Stadtgebiet auf einer Länge von 20 km an den Freistaat Bayern. Die Grenze verläuft nur wenige Hundert Meter parallel zum Limes, der einst das römische Weltreich begrenzte.

Abbildung 4: Rathaus Michelstadt

Der Bau der Eisenbahnlinie und ihre Fertigstellung 1870 nach Darmstadt, sowie 1881 nach Eberbach, brachten für Michelstadt einen starken wirtschaftlichen Aufschwung. Aus dem einstigen Ackerbürgerstädtchen mit all seinen Handwerkern und Händlern entwickelte sich ein ansehnliches Gemeinwesen mit bedeutenden Industriebetrieben auf der Grundlage einer jahrhundertealten Eisenverarbeitung. Wirtschaftlich begann ein neues Zeitalter.

Nach dem zweiten Weltkrieg erlebte die Stadt einen beachtlichen Aufschwung und Bevölkerungszuwachs. Neue und moderne Wohnungen wurden geschaffen. Zu den vorhandenen Arbeitsstätten kamen neue hinzu. Kaugummi- und Kosmetik-Artikel werden heute ebenfalls in Michelstadt hergestellt.

Dies führte zu erheblichen Neuerungen in Sachen Bau und Baugestaltung. Viele Industriegebiete entstanden. Neue Wohngebiete mit ganz anderen Facetten - wie beispielsweise -Plattenbauten sprossen förmlich aus dem Boden.

Michelstadt ist ein wirtschaftlicher und kultureller Mittelpunkt des Odenwaldes, eine moderne Wohngemeinde, eine Stadt der Behörden und Schulen, eine Stätte von Handwerk, Handel und Industrie. Michelstadt entwickelte sich durch intensive Förderung des jeweiligen Bürgermeisters nicht nur zu einer beliebten Wohngemeinde, sondern auch zu einem attraktiven Fremdenverkehrszentrum des Odenwaldes.[19]

Gerade der Fremdenverkehrsanteil in Michelstadt ist es, der ausschlaggebend ist für eine Erhaltung und Förderung der Altstadt. Zudem ist es wichtig, gerade die neu entstandenen Wohngebiete in einen harmonischen Einklang mit der Altstadt zu bringen.

5.1 Anforderungen

Wie in dem Beispiel mit Limburg a. d. Lahn war auch die Altstadt in Michelstadt nach den harten Kriegsjahren des 2. Weltkriegs so gut wie verschont geblieben. Trotzdem war es wichtig, erst einmal in der Nachkriegszeit die vorhandenen Trümmer zu beseitigen und was stand, wieder herzurichten. Im Gegensatz zu Limburg wurde in Michelstadt der Kommune selbst klar, die Altstadt als Zentrum zu wahren und ihren Charakter zu erhalten. Ein Ausschlag gebender Punkt war der plötzlich ansteigende Fremdenverkehr. Die Menschen kamen extra nach Michelstadt, um die alte Stadt mit ihrem römischen Ursprung zu sehen. Aber dennoch machte auch ein zweiter Punkt die Situation nötig, sich Gedanken über die Entwicklung der Stadt zu machen; der rasche Anstieg von Wirtschaft und Industrie, sowie die stark ansteigenden Neusiedlungen. Schon direkt in der Nachkriegszeit machten sich Gemeinderat und der Bürgermeister Gedanken um eine Satzung für die Erhaltung der Altstadt. Wie auch in Limburg wurde die erste Erhaltungssatzung grob und naiv formuliert, was im Gegensatz zu Limburg dazu führte, das Bauten um Michelstadt herum entstanden, die nicht mal ansatzweise mit dem Charakter und den Besonderheiten der Altstadt zu vereinbaren waren. Es entstanden Industriekomplexe, Bürogebäude und Wohnviertel, die ein typisches Bild der fünfziger Jahre zeigten.

Die Gemeinde beobachtete die Situation ganz genau und handelte gleich nach den ersten Neubauten und Industrien. Die Idee war, Michelstadt soweit zu erhalten, dass es sowohl für den Fremdenverkehr als auch für Industrie und Anwohner attraktiv sein würde. Erste Sitzungen wurden zu dem Thema einberufen. Es wurden Gremien mit Bauplanern und Architekten gebildet, die eine ausführliche Bestandsaufnahme machten und zusätzlich die Bürger befragten.

Das Ergebnis war eine Kombination aus Gestaltungssatzung und Erhaltungssatzung, die nach reiflicher Planung entstand. Der Unterschied zu

---

[19] Quelle: http://www.michelstadt.de/Geschichtliche-Entwi.81.0.html

Limburg besteht aus dem entscheidenden Faktor, in die entgegengesetzte Richtung zu gehen. Die Satzungen selbst sind in keinster Weise flexibel, sie sind sehr einschränkend, aber in der Hinsicht offen, dass die Gemeinde die Situation der Stadtentwicklung beobachtet und die Gestaltungssatzung in gewissen Abständen immer wieder aktualisiert. Die in der Anlage befindliche Satzung wird schon bald durch eine neue angepasste Satzung ersetzt. Die Gestaltungssatzung[20] selbst schreibt viele genauen Baumaterialien und Arten von Bauten vor. Sie hält sich strickt an die gemachten Vorgaben der HBO im §81. Das bedeutet ein aufwändigeres, aber dennoch sehr effektives Verfahren, mit dem es Michelstadt gelungen ist, eine Kombination aus erneuern und erhalten zu schaffen.

Im Gegensatz hierzu dient die Erhaltungssatzung dazu, den Altstadtbereich als solchen zu schützen. Sie wurde immer wieder nur an die jeweiligen Gesetze angepasst, was für die Erhaltung der kulturellen Innenstadt ausreicht.

Michelstadt heute ist eine sehr attraktive und innovative Stadt im Odenwald. Auch heute noch, trotz starker Industrie, wird sie von Touristen immer wieder gerne besucht.

5.2 Besonderheiten

Besonderheiten hier sind die frühe Kombination von Erhaltungs-, sowie Gestaltungssatzung. Und im Gegensatz zu vielen Gemeinden war es der Politik schon klar, was für ein Potential Michelstadt hat und das dieses geschützt werden muss. Selten, dass sich eine Gemeinde so früh und so hingebungsvoll der Stadtentwicklung widmet. Michelstadt selbst nutzt die gesamten Möglichkeiten der Gesetzesvorlagen von BauGB und HBO, sowie weitere Gesetze und Vorschriften rum um Denkmalschutz und Umweltschonung. Im ersten Moment erscheint es, dass die zu erdrückende Gestaltungssatzung keinen Freiraum lässt, aber wenn man sich die Entwicklung von der Satzung selbst im Zusammenhang der Entwicklung der Stadt vor Augen führt, ist klar zu erkennen, dass es erst durch diese Vorgehensweise zu so einer gelungenen Innenentwicklung kommen konnte. Viele Gemeinden entwickeln eine Gestaltungssatzung, die erst mal Jahrzehnte lang als Vorschrift gelten muss. Michelstadt ist den Weg gegangen, sich die Mühe zu machen, diese Entwicklung stetig zu beobachten und im Zweifelsfall einzugreifen. Denn neben der Gestaltungssatzung gibt es noch das Instrument der Bauleitplanung und erst wenn man sich diese Kombination aus Bauleitplan, Gestaltungssatzung und Er-

---

[20] Siehe Anlage 12.2

haltungssatzung anschaut, dann ist erkennbar, dass Michelstadt selbst keine wahllosen Bauten haben will, aber sich dennoch kooperativ zeigt gegenüber einzelne Bauvorhaben. So manche Gemeinde hätte mit diesem Verfahren einiges verhindern können und eine schöne Innenstadt haben können. Leider ist das Vorgehen von Michelstadt in der Praxis sehr selten anzutreffen. Meist ist es eine vordefinierte Gestaltungs- oder Erhaltungssatzung, die den Gemeinden dazu verhilft, Schlimmeres zu verhindern, aber dennoch nicht auf örtliche Potentiale eingeht.

6 Übersicht der Gestaltungssatzungen in deutschen Kommunen

6.1 Entwicklung in deutschen Kommunen

Die Geschichte der Gestaltungsvorschriften in Deutschland reicht noch vor das 19. Jahrhundert. Es gibt vielerorts belegbare Dokumente, dass man sich schon damals Gedanken über die Entwicklung in Städten und Dörfern gemacht hat.

Der jeweiligen Zeit entsprechend wurden immer wieder Vorschriften entwickelt und veröffentlicht, die eben zu der jeweiligen Zeit angemessen waren.

Direkte Gestaltungsvorschriften wurden erkenntlich in der Zeit der Industrialisierung Ende des 19. Jahrhunderts. Die Städte und Gemeinden mit einer hohen Anzahl an Industrien, wuchsen zunehmend und unaufhaltsam. Es mussten Regelungen her, die das kontrollierten, was zur damaligen Zeit schneller war, als die Planungen selbst. Wurde zum Beispiel eine Fabrik gebaut und eröffnet, mussten Wohnungen geschaffen werden, Arbeiterviertel entstanden. Schon früh wurden solche Neubauten gewollt und bewusst geplant. Sie mussten bestimmten Anforderungen genügen. Meist in einer Bauweise, direkt nebeneinander, in der Nähe zur Fabrik. Die Gebäude selbst waren schlicht und sollten für die Arbeiter von Nutzen sein. Es sind meist einheitliche Gestaltungsmuster in der Bauweise und der Art der Bauten zu erkennen. Dies waren meist festgelegte Stile im Sinne der Fabrikbesitzer. Die ersten wirklichen und heute noch erkenntlichen Gestaltungsvorschriften waren in Deutschland entstanden. Wenn neue zusätzliche Viertel entstanden, wurden diese immer im gleichen Stil wie die vorhandenen Viertel gebaut.

Die in diesem einheitlichen Stil erbauten Viertel sollten ein Zeichen der Zugehörigkeit zu dem jeweiligen Unternehmen sein.

In den darauf folgenden Jahren wuchsen die Städte immer weiter, neben den Arbeitervierteln und Wohnblöcken in den Innenstädten errichteten immer mehr Leute, die unter den Besserverdienenden waren, ihre eigenen Häuser. Die Gemeinden entwickelten konkrete Vorschriften über die Gestaltung und Bebauung von Gebieten und Vierteln. Dies ist der Zeitpunkt in dem die Gemeinden gewisse Vorschriften zur Bebauung explizit an die Bewohner richten. Daraus entwickelten sich die ersten Gestaltungssatzungen. In der Weimarer Republik wird schon in Berlin mit gewissen Gestaltungssatzungen gearbeitet.

Nach dem ersten und zweiten Weltkrieg, Anfang der fünfziger Jahre war in den meisten Städten und Kommunen erst einmal der Aufbau wichtig.

Parallel dazu entwickelte sich Deutschland selbst. Die Bundesrepublik wurde unterteilt in einzelne Länder. Die ersten sogenannten „Aufbaugesetze" entstanden. Durch den Aufbau nach dem Krieg entwickelten sich schon jetzt von selbst die Kommunen und Städte. Die ersten Landesbauordnungen wurden geschaffen und damit auch wieder die Möglichkeit auf die eigene Kommune bezogenen Vorschriften zu formulieren. Zwischenzeitlich entwickelten sich Bauten und Viertel, die keiner wirklichen Planung oder Vorschrift unterlagen .Erst danach wurde das Thema, gewisse Vorschriften über die Bauart und die Bauentwicklung festzulegen, aufgegriffen.

Es entstanden viele unterschiedliche Vorschriften von Erhaltungs- sowie Gestaltungssatzungen. Bereits entwickelte Vorschriften wurden oftmals kopiert und nicht wirklich ausgearbeitet. Mit dem Wirtschaftsboom der Nachkriegszeit, wuchsen die Städte immer weiter, und es war langsam ersichtlich, dass in vielen Städten, einfach das Alte gegen das Neue weichen musste. Einige kleinere kulturelle Erben wurden dem Boden gleichgemacht oder einfach nicht mehr beachtet. Die vorhandenen Vorschriften waren in keiner Weise wirklich passend und sinnvoll. Gerade in Städten mit wichtigem historischem Hintergrund wird einem bei einem Besuch heute klar, dass damals einiges schief gelaufen ist im Bezug auf die Regelung der Gestaltung.

Es gab in den siebziger Jahren eine weitere Welle von neuen Gestaltungssatzungen. In dieser Zeit wurde darüber nachgedacht, was aufrechterhalten werden sollte und was nicht mehr benötigt wird. Den einzelnen Charakteristika der Städte wurde Beachtung geschenkt und es wurde versucht, sie zu pflegen. Analysen und Untersuchungen sollten zeigen, was wirklich wichtig und was vorhanden ist. Leider gab es auch zu dieser Zeit viele Kommunen, die einfach diese erneuerte Gestaltungssatzung kopierten und 1:1 benutzten.

In den letzten Jahren ist man viel bewusster mit dem Thema Stadterhaltung und Gestaltung umgegangen. Es wird vielen Gemeinden bewusst, welches Potential vorhanden ist und es wird versucht, dieses zu erhalten.

Die in den letzten Jahren entwickelten Gestaltungssatzungen sind nicht zu vergleichen mit den alten Satzungen. Es wurde erkannt, dass sich Neues nicht einschränken oder verhindern lässt. Mit dieser Erkenntnis sind heutige Gestaltungssatzungen offener und doch durchdachter als damalige.[21][22]

---

[21] Quelle: Andreas Beth, Die Anwendung der Theorie der zentralen Orte in der Raumplanung der Bundesrepublik Deutschland

Die Entwicklung heute geht dahin, Neues zu schaffen, aber dennoch Altes zu erhalten - zumindest jenes Alte, das erhaltenswert ist.

6.2 Anwendung in deutschen Kommunen

Grundsätzlich sind in Deutschland die verschiedensten Arten und Formen von Satzungen und Leitplänen zu finden. Dieses zeigt, dass ein großer Teil der Satzungen meist den örtlichen Gegebenheiten angepasst ist.

Der größte Teil an Kommunen und Gemeinden in Deutschland besitzt bis heute keine Satzungen, die ihnen bei der Erhaltung ihres Charakters helfen könnten. Der größte Teil der Gemeinden behilft sich lediglich mit allgemein gültigen Gesetzen. Angefangen vom Baugesetzbuch über die in den jeweils gültigen Ländern vorgeschriebenen Landesbauordnungen bis hin zu einzelnen Gesetzen und Verordnungen rund um den Denkmalschutz, den Naturschutz und den Bauvorschriften. Dies ist ein Zustand, der sich in den nächsten Jahren ändern wird.

Interessant ist der Wandel von den eher lästigen, schnell gemachten Gestaltungssatzungen aus den früheren Jahrzehnten, hin zu den sinnvolleren, durchdachteren Satzungen heute.

Ferner ist auch der immer kleiner werdende Unterschied der einzelnen Länder in Bezug auf die Landesbauordnungen interessant. In den ersten Jahren der jeweiligen Landesbauordnungen waren noch starke Unterschiede zur Erlassung von örtlichen Satzungen zu erkennen. Mit den Jahren wurden die Landesbauordnungen untereinander immer weiter angeglichen. Die Absicht dahinter ist nicht einfach ein neues kopieren der Vorschriften kontemporär auf Landesebene, sondern es soll ein überregionales Denken und Handeln angeregt werden. Ermöglicht werden kann dadurch ein Handeln das sich nicht nur speziell auf eine Gemeinde erstreckt, sondern auf ein ganzes Gebiet. Einige Untersuchungen zu diesem Thema zeigen, dass eine überregionale Satzung den Vorteil bringt, regional eine gemeinsame Gestaltung zu erreichen, die dennoch nicht gleich von den anderen Gemeinden kopiert wird. Sondern im Diskurs werden Gemeinsamkeiten festlegt und versucht, diese auch soweit wie möglich einzuhalten. Eben eine gemeinschaftlich erarbeitete Satzung.

---

[22] Quelle: Joachim Matthaei, Gestaltung und Satzung – Baufreiheit oder verordnete Baugestaltung

6.3 Trends der letzten Jahre

Die Wege einer Satzung in den letzten Jahren gehen in die richtige Richtung. Eine Satzung entsteht immer häufiger nicht mehr alleine durch die Gemeinde, sondern es werden immer mehr externe Beauftragte bei der Erstellung heran gezogen. Es entstehen Pläne, Gebietsübersichten wie Leerstand und Baulücken und Bausubstanzübersichten. Es werden Bestandsaufnahmen gemacht. Die Charakteristiken der Städte werden hervorgehoben. Zusätzlich sind die Bürger der Gemeinden und den betroffenen Gebieten weit mehr gefragt als vor 40 Jahren. Bürger werden mit Hilfe von Befragungen zunehmend in die Planung mit einbezogen.

Durch diese ganze Studie hindurch resultiert eine sehr interessante und starke Aussage über das, was wichtig erscheint und bisher nicht gesehen wurde. Es wird für eine Satzung heutzutage viel mehr Zeit investiert. Auch viel mehr Investitionen und Hilfe werden in Anspruch genommen. Die Gemeinden machen sich Gedanken über ihre Attraktivität und die Erhaltung des Kerns der Gemeinde. Gerade durch die zurückgehende Bevölkerungszahl in den letzten Jahren in vielen Gemeinden, ist die Gefahr noch größer geworden, unattraktiver zu werden und vieles wie Einzelhandel, Bewohner und Fremdenverkehr zu verlieren. Der demografische Wandel kleiner Gemeinden macht sich in den letzten Jahren erschreckend bemerkbar. Eine immer weiter ansteigende zurückgehende Bevölkerungszahl bestätigt das, was in den letzten Jahrzehnten befürchtet wurde.

Eine Grafik des Schwelm-Eder-Kreises in Hessen zeigt einen deutlichen Abwärtstrend wie er in den meisten Gemeinden anzutreffen ist.

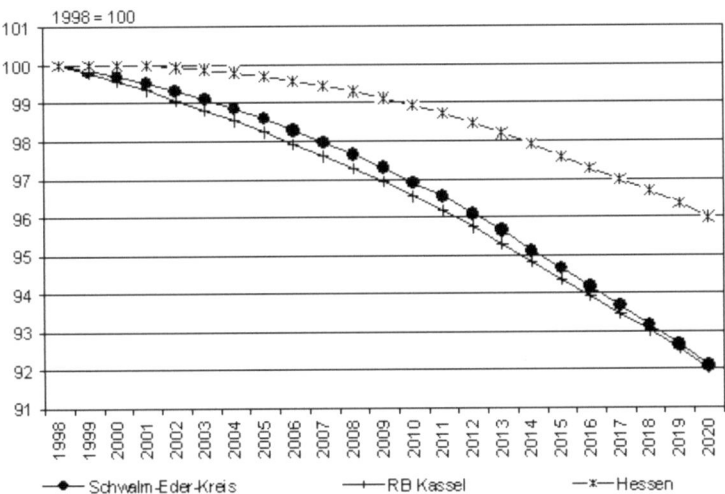

Abbildung 5: Projektion der Bevölkerungsentwicklung bis 2020 [23]

Interessant an dieser Grafik ist auch die Darstellung der Entwicklung im gesamten Gebiet Kassel sowie die Stagnation im Land Hessen. Es ist eine Prognose bis ins Jahr 2020, die in unveränderter Weise darstellt, inwieweit die Bevölkerungszahl sinkt.

Die Grafik entstand für das Projekt „Stadt 2030" des Schwalm-Eder-Kreises, die mittlerweile durch Sanierungsmaßnahmen versucht, diesem Trend entgegen zu wirken. Erst durch solche Darstellungen wird den betroffenen Gemeinden klar, wie stark der Abwärtstrend schon vorhanden ist und dass er sich nur schwer aufhalten lässt.

Gerade in einer Zeit wie dieser ist es extrem wichtig, sich Hilfe zu suchen, an das Problem heranzugehen, zu versuchen das, was vorhanden ist, zu erhalten, evtl. hervorzuheben, um auf diese Weise die Attraktivität nachhaltig zu steigern.

Der Trend geht demnach dahin, dass sich eine Gemeinde heute viel mehr Gedanken macht und sich seinen Problemen schlichtweg stellen muss.

6.4 Alternativen

Alternativen zu Gestaltungssatzungen können sein: Bauleitpläne, die für den kurzen Zeitraum der Entstehung von Neubauten dienen. Vorteile da-

---

[23] Quelle: FEH-Berechnungen auf Basis von Daten des Hessischen Statistischen Landesamtes (HSL)

bei sind die einzeln angepassten Vorschriften an die Situationen bei der Entstehung. Sie orientieren sich immer an den aktuellen Gesetzesgrundlagen. Desweiteren können durch Erlasse und Ausnahmen meist vorhandene Satzungen umgangen werden. Der große Nachteil dabei ist auch, dass sich Bauleitpläne komplett von den bisherigen Satzungen und Gestaltungen unterscheiden können.

Weitere Möglichkeiten wären, sich einfach nur auf die Landesbauordnungen sowie auf das Baugesetzbuch zu stützen und diese einzuhalten, ohne auf regionale Sicht bezogene Punkte zu beachten. Leider tun dies viele Gemeinden heute noch.

Eine Alternative wären noch die sogenannten Bürgerinitiativen, die es sich zur Aufgabe gemacht haben, den Ort soweit zu verbessern, wie es nur möglich ist. Sie sind meist eine Zusammenkunft aus Bewohnern in einzelnen Kerngebieten und handeln immer in einer Gemeinschaft. Sie können sich wehren gegen Pläne von Gemeinden und zeigen auch damit, dass Veränderungen in Gebieten nicht immer von Vorteil sind.

Ein gutes Beispiel hierfür sind die Gartenstädte, die eine Gemeinschaft bilden, nach gleichem Muster ein Gebiet zu erhalten, wie es in Anfangsplänen und Satzungen der Gemeinschaft festgelegt wurde. Jeder Bewohner einer Gartenstadt willigt mit dem Bau seines Hauses ein, in die jeweilige Gemeinschaft beizutreten und deren Vorstellungen einzuhalten. Meist sind diese Gebiete nach gleichem Muster angelegt und sehr starr in der Planung.

Gemeinschaftlich, aus Bürgersicht gesehen, gegen Pläne anzugehen und eventuell neue Pläne vorzulegen, sind meist sinnvoller und stärker als der Missmut eines Einzelnen.

Weitere Eingriffe sind ohne eine Satzung von Bund und den Ländern möglich. Wenn Bauprojekte im Interesse der Gesamtbevölkerung über der der Gemeinde stehen. Gerade hier sind viele Gemeinden interessiert, sich ihre Vorteile herauszuziehen und nutzen Pläne für ihre Zwecke. Dieser Nutzen ist meist wirtschaftlicher Natur.

7 Visualisierung

Bildhafte Darstellungen sind ein weit verbreitetes Medium zur Präsentation von Fakten und Informationen. Hiermit können intuitiv Erkenntnisse vermittelt werden. Nicht nur in den Medien, sondern auch am Rechnerarbeitsplatz ist es üblich, Daten, Strukturen und Zusammenhänge graphisch darzustellen, um eine effizientere Analyse und Kommunikation zu erreichen. Der Prozess der Erzeugung solcher Darstellungen wird als Visualisierung bezeichnet. Zusätzlich ist die Visualisierung immer in einem kreativen Prozess eingebunden, in dem es gilt, Strukturen und Zusammenhänge aufzudecken und darüber zu kommunizieren.

Die Visualisierung ist aus Sicht der Forschung kein neues Gebiet. Insbesondere in der Kunst wurde die Problematik, wie Informationen am besten visuell abgebildet werden können, schon immer behandelt. Aber auch im Bereich der technischen Wissenschaften und der Forschung ist der Einsatz von graphischen Darstellungen seit langem üblich und keineswegs ein Privileg unserer jetzigen Zeit.

Die Verwendung von Höhenlinien in topographischen Karten geht auf die Mitte des 18. Jahrhunderts zurück. Aber auch für wissenschaftliche Zwecke wurden Isolinien eingesetzt, so zum Beispiel zur Veranschaulichung magnetischer Deklinationen auf der Erdoberfläche (Edmond Halley, 1701) oder zur Untersuchung von Temperaturschwankungen der nördlichen Hemisphäre (Alexander von Humboldt, 1817). Ebenso hat die Verwendung von Diagrammen und Falschfarbendarstellungen eine lange Tradition.

Mit der Einführung des Computers wurde dieser auch zunehmend zur Erzeugung graphischer Darstellungen eingesetzt.

Die Visualisierung hat zwei Aufgaben: Sie soll zum einen Ergebnisse präsentieren und damit das Verständnis und die Kommunikation über die Daten und die zugrunde liegenden Modelle und Konzepte erleichtern. Zum anderen soll sie die Analyse der Daten unterstützen, indem die Bilder so aufgebaut werden, dass der Betrachter in der Lage ist, nicht nur zu sehen, sondern auch zu erkennen, zu verstehen und zu bewerten. Innere, sonst verborgene Zusammenhänge sollen aufgezeigt werden, die allein aus der Interpretation von Zahlenkolonnen nicht ableitbar wären.

Um solche abstrakten Daten wie beispielsweise Zahlenkolonnen grafisch darstellen zu können, muss eine Abbildung der Daten auf geometrische Beschreibungsformen gefunden werden. Die Definition geeigneter Abbildungen, die eine Erfüllung der oben genannten Ziele gewährleisten, ist keine einfache Aufgabe. Bei einer falschen Wahl der Abbildung können

Bilder entstehen, die zu fehlerhaften Interpretationen der dargestellten Daten führen und damit fehlerhafte Entscheidungen zulassen.[24]

Die Möglichkeiten sind vielfältig und bei richtiger Wahl tragen sie zu einem besseren und schnellerem Verständnis bei. Grundsätzlich müssen Daten zunächst so aufbereitet werden, dass sie für eine Visualisierung verwendet werden können. Von Tabellen oder Datensätzen sind die Möglichkeiten wieder unzählig Daten aufzubereiten um sie dann in Grafiken und Bildern zu integrieren und anzuwenden.

7.1 Möglichkeiten einer Visualisierung

Die Möglichkeiten einer Visualisierung sind sehr vielfältig und umfangreich. Im Grunde sind alle Arten der bildlichen Beschreibung möglich, die dem Zweck dienen Zahlen und Fakten so darzustellen, dass der Betrachter auf Anhieb erkennt, welches Thema behandelt wird.

Die am häufigsten benutzte Visualisierung ist eine einfache Karte. Die Karte selbst zeigt auf Anhieb Gebiete und Beschreibungen zu den Gebieten, die grundsätzlich auch als Datenform vorliegen. In den Karten können weitere Eingrenzungen stattfinden, um so zum Beispiel bestimmte Gebiete herauszufiltern. Karten sind ein geeignetes Mittel, um erste visuelle Effekte zu erzielen.

Ein Beispiel für eine visuelle Karte kann die eines Gebietes sein, beruhend auf einer Bestandsaufnahme des entsprechenden Ortes, die darlegt, wie es um die Bausubtanz bestellt ist.

---

[24] Quelle: Heidrun Schumann, Visualisierung: Grundlagen und allgemeine Methoden

Abbildung 6: Beispiel einer Bestandskarte

Auf Anhieb können so die Problemzonen erkannt werden. Durch die Farbgebung in der Karte wird einem Betrachter auch auf Anhieb klar, bei welchen Gebäuden die Bausubstanz gut ist (grün) und welche Gebäude eventuelle Mängel in der Bausubstanz aufweisen (rot).

Um Dinge deutlich zu machen, sind solche Karten als Instrument sehr hilfreich und eindeutig.

Auch sehr häufig benutzt werden Grafiken wie Diagramme, die aus Zahlen und Tabellen, sehr schön sichtbare Balken oder Linien erstellen. Diagramme dienen dazu, eine Ansammlung an Daten grafisch auszuwerten. Diese Daten stehen sehr oft im direkten Vergleich. Sehr gutes Mittel der Visualisierung sind Diagramme bei Umfragen oder Ereignissen, die einen direkten Vergleich verlangen. Zusätzlich zu den Stilmitteln der Art des Diagramms dienen auch hier Elemente wie Farben dazu, das Ganze noch offensichtlicher zu machen.

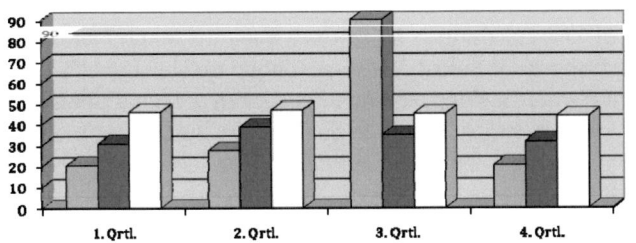

Abbildung 7: Fiktives Diagramm zur Veranschaulichung

Die dazugehörige Tabelle ist ebenfalls eine visuelle Darstellung der Daten, aber bei weitem nicht so übersichtlich und anschaulich wie ein Diagramm. Dennoch sind Tabellen für genauere Daten wichtig. Erst die dazugehörige Tabelle ermöglicht mit der Kombination des Diagramms den direkten Vergleich.

	1. Qrtl.	2. Qrtl.	3. Qrtl.	4. Qrtl.
Ost	20,4	27,4	90	20,4
West	30,6	38,6	34,6	31,6
Nord	45,9	46,9	45	43,9

Tabelle 1: Beispiel Tabelle

Weitere Visualisierungsformen können sein: 3D-Modelle von Städten oder Gebieten, Architektonische Planungsbilder in 2D und 3D, Anagramme, Symbole (Formen), Text und Farben.

Die Visualisierung hat seit dem Einzug des Computers viele weitere Formen und Möglichkeiten erreicht, die vor 30 Jahren noch undenkbar waren. Ständig entstehen immer weitere Formen und Möglichkeiten der Visualisierung.

Die Grenzen einer Visualisierung sind dann erreicht, wenn es dem Betrachter nicht mehr möglich ist, den Sinn der Visualisierung zu verstehen oder die Visualisierung einfach nicht passend gestaltet ist. Dann sind Erklärungen nötig und es kann kompliziert werden, den richtigen Sinn zu erklären. Gefahr hierbei ist die Fehlinterpretation des Betrachters. Diese kann man in Diskussionen klären. Dennoch ist der Sinn einer Visualisierung damit verfehlt.

7.2 Kombination Gestaltungssatzung und Visualisierung

Gerade in der Frage der Gestaltungssatzung und deren Entwicklung sind Visualisierungen sehr hilfreich und können entscheidend dazu beitragen, die richtigen Entscheidungen zu treffen. Egal, ob durch Planungsbüros oder durch Gemeinden selbst, Visualisierungen werden erstellt, um mögliche Potentiale aufzuzeigen, Fehler aufzudecken und eine Übersicht über das Vorhandene zu präsentieren. In der Zeit der Bestandsaufnahme entstehen viele visuelle Grafiken und Diagramme. Gemeinde und Bürger können sich so viel besser ein Bild der Situation machen. Werden Visualisierungen von Fremdbüros erstellt, so sind diese oft kritischer und besser für die Maßnahmen.

Ist es gelungen durch Visualisierung die Gemeinde darauf hinzuweisen, wo Fehler zu finden sind, ist es auch sehr sinnvoll, weitere Visualisierungen einzusetzen, die dann Maßnahmen zeigen und dem ganzen ein rundes Bild von der jetzigen Situation hin zur möglichen Situation in der Zukunft geben. Dabei sind gerade heute 3D Freiraummodelle sehr beliebt und hilfreich, ein komplett neues Bild des Gebietes darzustellen. Gerade hier sieht man die Auswirkungen verschiedener Maßnahmen sehr gut, und welche dann gegebenenfalls korrigiert werden können. Dies ermöglicht einen hypothetischen Blick in die Zukunft und die Auswirkungen durch Einschränkungen in der Satzung.

Abbildung 8: 3D Freiraummodell Hamburger Hafen City

Aber auch Gestaltungsbilder wie Planungen von Neubauten und CAD Zeichnungen sind sehr gute Mittel, um das Ganze etwas einzuschränken. Es ist schon oft der Fall gewesen, dass durch gewisse Zeichnungen Unstimmigkeiten mit den Bauherren aufgedeckt wurden, und sofort abgeändert werden konnten.

Ein sehr gutes Beispiel hierfür ist der Berliner Hauptbahnhof, der viele Kriterien erfüllen sollte und in der Endplanung und im Bau dann doch erheblich von der Grundidee abwich.

Ob es nun die Fenster oder die Türen sind, in einer visuellen Darstellung lassen sich Kombinationen von Gestaltungselementen sehr gut darstellen. Gerade erst durch Visualisierungen und Grafiken werden mehr Einschränkungen geplant und akzeptiert als durch eine reine Planung durch die Gemeinde.

Gerade die Visualisierung ermöglicht viel weitere Perspektiven in Gestaltung als es durch die Gemeinde selbst möglich ist. Ideen können geweckt werden und neue Wege die sehr spektakulär sind können als mögliche Planung in Betracht gezogen werden. Tatsächlich sind Gemeinden heute durch die Visualisierung sehr angetan und sind auf diese Weise viel eher bereit, auch mal Dinge zu wagen, die vorher nicht in Betracht gezogen wurden.

7.3 Grenzen

Die Grenzen der Visualisierung sind dann erreicht, wenn man mit einer Visualisierung die Punkte nicht mehr ansprechen kann, die dennoch sehr wichtig erscheinen. Oder wenn die vorhandenen Mittel nicht ausreichen, um das zu zeigen, was wichtig ist.

Auch Fehlinterpretationen in der Erstellung der Visualisierung sind möglich und tragen dazu bei, dass eine gesamte Planung falsch verläuft und neu angesetzt werden muss.

Wenn die gezeigten Maßnahmen zum Beispiel nicht dem entsprechen, was dem Betrachter vorschwebt und er absolut abgeneigt ist gegenüber den vorgelegten Plänen, ist die ganze Visualisierung missglückt.

Nach einer gescheiterten Visualisierung dann eine neue Idee vorzubringen, wird umso schwerer, da die Abneigung der ersten Pläne verinnerlicht wird , was wiederum das Ablehnen weiterer Ideen fördert.

Auch technisch sind viele Grenzen vorhanden. Nicht alles lässt sich mit einem Computer darstellen. Hier ist es wichtig sich auf das Wesentliche zu konzentrieren und eventuell Abstriche in der Visualisierung hinzunehmen. Es gibt nichts Schlimmeres als ein überlagertes Schaubild, in dem man nichts mehr erkennt außer Symbole und Texte.

In der gesunden Mischung zwischen Präsentation der jeweiligen Grafiken und Erklärung der der Pläne, sind die Grenzen der Visualisierung gemindert, wenn Bilder benutzt werden, die größtenteils für sich selbst sprechen.

8 Gestaltungssatzung Rödermark Ober-Roden

8.1 Grundlagen

Die junge Stadt Rödermark trägt den Namen einer alten Markgenossenschaft, die im Bereich der mittleren und oberen Rödermark durch das ganze Mittelalter hindurch bis in die Neuzeit hinein bestanden hat. Dabei bezeichnete der Begriff "Röder Mark" den Zusammenschluss mehrerer Orte, die sich die Nutzung des zwischen ihnen gelegenen gemeinschaftlich verbliebenen Markwaldes teilten.

Als nach der 1974 vom Hessischen Landtag beschlossenen Gebietsreform feststand, dass die beiden ehemals selbständigen Gemeinden Ober-Roden und Urberach zu einer neuen Großgemeinde zusammengeschlossen werden sollten, wählte man diesen Namen bewusst,, sollte doch damit der historischen Dimension des neuen Gemeinwesens im Sinne einer Kontinuität Ausdruck gegeben werden. Die Vermeidung eines andernorts so häufig anzutreffenden "Kunstnamens" war richtig. Einerseits wurde erreicht, dass sich die alteingesessenen Einwohner auch mit dem neuen Gebilde identifizieren konnten, andererseits so den Neubürgern die Möglichkeit eröffnet, sich in einer "alten", historisch gewachsenen und sich ihrer Tradition bewussten Gemeinde anzusiedeln und zu integrieren. Sowohl das eine als auch das andere ist ein gewichtiger Aspekt dessen, was man gemeinhin als Lebensqualität zu bezeichnen pflegt, was letztlich aber ein sich wohlfühlen in vertrauter Umgebung meint.

1832 wird Ober-Roden in den Landratsbezirk Offenbach und 1852 in den Kreis Dieburg eingegliedert. Seit 1977 bildet Ober-Roden zusammen mit Urberach eine Verwaltungseinheit unter dem Namen Rödermark, jetzt wieder im Kreis Offenbach.[25]

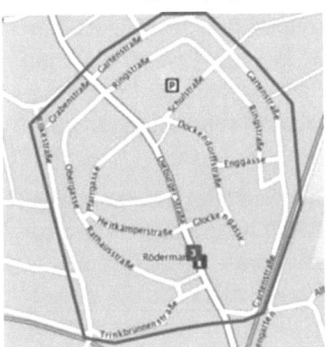

Die folgenden Erläuterungen und Beschreibungen beziehen sich rein auf den Ortskern in Rödermark Ober-Roden. Dieser wird gebildet durch den äußeren Ring der Innenstadt, dem sogenannten Fränkischen Rundling. Dieser Ring beinhaltet folgende Straßen:

Abbildung 9: Ortskern Ober- Roden (Map24.de)

---

[25] http://www.roedermark.de/02/geschichte/

Gartenstraße, Grabenstraße, Rilkestraße, Trinkbrunnenstraße, Dieburger Straße, Obergasse, Rathausstraße, Glockengasse, Enggasse, Ringstraße, Heitkamperstraße, Dockendorfstraße, Schulstraße sowie die Pfarrgasse.

Mit den Jahren hat sich der Ortskern von Ober-Roden soweit selbständig entwickelt, dass einiges nicht optimal ist, wie von den Bürgern und der Gemeinde selbst erwünscht ist.

Das schwierige hierbei ist, dass die Gemeinde Rödermark keine eigene Gestaltungssatzung hat. Wäre eine Gestaltungssatzung vorhanden, könnte man an diese anknüpfen und müsste nicht eine komplett neue entwickeln. Momentan wird eine Gestaltungssatzung für den Ortskern von der örtlichen CDU gefordert. Ob es eine Satzung geben wird, ist bis jetzt noch unklar. Dennoch wäre dies ein wichtiger Schritt in die richtige Richtung. Ansätze zur Verbesserung sind da und die Gemeinde hat dies auch erkannt.

Im letzten Jahrzehnt wurde der Ortskern, rund um den Fränkischen Rundling, in Ober-Roden teilweise saniert und restauriert. Dies war leider eine minderwertige Investition und brachte gestalterisch keine wirkliche Besserung. Der Ortskern ist geprägt durch eine Vielzahl an verschiedenen Bauten und Formen von Gebäuden und gestalterischem Merkmalen.

8.2 Voraussetzungen

Voraussetzung für eine Gestaltungssatzung ist eine komplette Bestandsaufnahme der vorhandenen Gebäude und dem gesamten Ortskern. Erst wenn klar wird, wo Probleme sind und um welches Problem es sich handelt, ist es möglich, an die Maßnahmen heran zu gehen und diese durch eine Satzung festzuhalten. In dem Projekt „Zukunftsprojekt Innentwicklung Rödermark Ober-Roden" der FH Frankfurt wurden Fragen geklärt, die zur Bestandsaufname dienen sollten. Dabei sind Punkte genannt worden, die einer neuen Gestaltungssatzung sehr entgegen kommen könnten.

Das wichtigste, was auch eine Entwicklung einer Gestaltungssatzung bestätigt, sind die Punkte, dass der Ortskern unattraktiv wirkt und Plätze sowie das Straßenbild nicht so wirken, wie es sein sollte. Bestätigt in Umfragen und durch die Gemeinde selbst, ist dies ein Ansatzpunkt, neue Ideen und eine neue Gestaltung zu planen und diese eventuell in Kontext der geforderten Punkte der Gemeinde zu stellen. Teile wie der Marktplatz sowie der Rathausplatz, sind Punkte, die in einem Ortskern zum Verweilen einladen sollen. In Ober-Roden sind genau diese Plätze das Hauptproblem, neben der Gestaltung der Umgebung. Keine einheitliche Struktur, Bauweisen aus verschiedenen Epochen und teilweise Gestaltungselemente, die gegensätzlicher nicht sein können.

Ein zusätzliches Problem stellen die Leerstände und die Baulücken dar. Diese fördern ein nicht gerade freundliches und schönes Gestaltungsbild. Momentan sind die Baulücken verweist und die Leerstände teilweise in einem nicht ansehnlichen Zustand.

Durch eine Satzung selbst, kann man nicht gegen diesen Zustand einwirken. Aber dennoch ist es möglich, zukünftig solche Problemzonen zu vermeiden, noch bevor solch ein Zustand eintritt.

Mit dem Projekt entstand die Idee, eine Verbindung der beiden Plätze herzustellen, Rathausplatz und Marktplatz. Ober-Roden würde damit einen zentralen Punkt im Stadtkern bekommen, den es dann gilt, als solchen zu gestalten. Dadurch würde ein Gebiet entstehen, das einheitlich gestaltet werden kann und sollte. Hier wäre eine Gestaltungssatzung sinnvoll. Angefangen von einheitlichen Pflasterungen, über eine einigermaßen gleiche Gestaltung der Gebäude und deren Außenelemente. Gerade hier hat Ober-Roden das Problem, dass zu viele verschiedene Elemente angewandt wurden. Das Ganze ergibt kein einheitliches Bild.

8.3 Visualisierung

Mit der Bestandsaufnahme entstehen auch die ersten Visualisierungen. Vorab die ersten, die klar machen, wie es um die Gebäude selbst bestimmt ist. In verschiedenen Kriterien eingruppiert und vor Ort genauestens betrachtet, wurde jedes Gebäude klassifiziert.

Es wurde auf die Gestaltung geachtet, auf die Bausubstanz und auf die Lage. Dabei ist folgende Grafik entstanden, die deutlich zeigt wo Probleme herrschen und wie ungleich verteilt die Situation im Ganzen wirkt.

Abbildung 10: Bestandsaufnahme Projekt Innenentwicklung Ober Roden[26]

Die meisten gelben und roten markierten Gebäude haben erhebliche Mängel, passen gestalterisch nicht zum Stadtbild. Viele verschiedene Bauformen und Farben prägen die Gebäude. Gewerbe, das keine großartigen Richtlinien besitzt, gestaltet Werbung und Schaufenster nach eigenem Ermessen.

Nach den Erkenntnissen in der Bestandsaufnahme wurden die Maßnahmen in Angriff genommen. Und hier setzen Visualisierungen an, die eine einheitliche Gestaltung zeigen sowie eine Möglichkeit zur Verbindung von Marktplatz sowie Rathausplatz.

---

[26] Quelle: Zukunftsprojekt Innenentwicklung Ober-Roden, Volker Köhler, FH Frankfurt

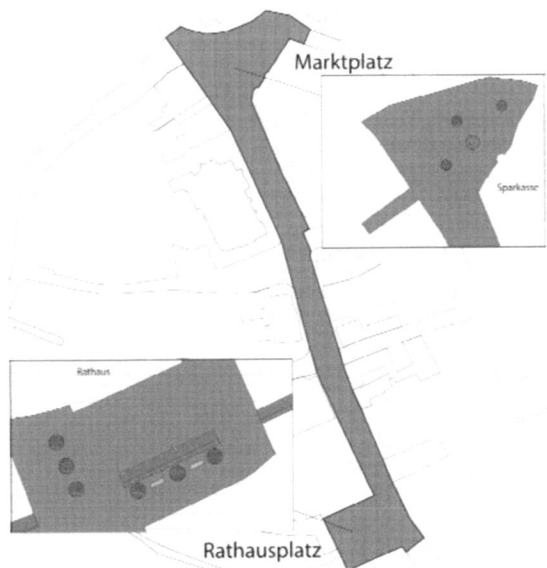

Abbildung 11: Verbindung Marktplatz / Rathausplatz Ober-Roden[27]

Gestalterische Merkmale wie einheitliche Pflasterung sowie Sanierung und Aufwertung der Gebäude und dem Gewerbe geben eine neue Richtung an und knüpfen an die Idee einer homogenen gestalteten Innenstadt, die zum einkaufen und schlendern einladen soll.

Abbildung 12: RathausplatzOber-Roden vorher / nachher

---

[27] Quelle: Zukunftsprojekt Innenentwicklung Ober-Roden, Volker Köhler, FH Frankfurt

Gestalterische Merkmale werden in Bildern visualisiert. Hierbei wird versucht dem Betrachter die Möglichkeiten und Potenziale aufzuzeigen, und verstärkt die Sicht einer gesamten Gestaltung des Kernes. Gestaltungselemente wie Fenster, Türen, Fassaden sowie weitere Elemente werden als einheitliche Gestaltung deutlich und fördern die Ideen einer Gestaltungssatzung.

Abbildung 13: Dieburger Straße, Ober-Roden vorher / nachher.
Visualisierung der Veränderungen durch eine Gestaltungssatzung.

Die Visualisierungen der Ideen der Projektgruppe regen zu weiteren Schritten an. Es gibt für den Ortskern von Ober-Roden noch viel zu tun, um einen ansehnlichen und einladenden Ort zu erhalten. Die Grundvoraussetzung dafür sind Erhaltung von historischen Elementen mit einer Erhaltungssatzung sowie eine einheitliche stark eingrenzende Gestaltungssatzung.

An das Projekt anknüpfend, ergeben sich Ideen einer Gestaltungssatzung für den Kern von Ober-Roden, der wie folgt aussehen könnte. Die nun vorgestellte Gestaltungssatzung ist eine Möglichkeit, die Ideen umzusetzen, die von Gemeinde und den Bürgern gefordert werden.

Sie stellt ein Grundgerüst dar und gibt die Möglichkeit, einen Ortskern zu erhalten, der nicht durch unterschiedliche Formen und Bauweisen geprägt ist.

Die Gestaltungssatzung, die hier erbarbeitet wurde, entspricht auch den grundlegenden Forderungen der CDU und FDP in Ober-Roden.

8.4 Mögliche Gestaltungssatzung

1. Geltungsbereich
Der Geltungsbereich dieser Satzung wird durch den Lageplan bestimmt, der Bestandteil dieser Satzung ist. Betroffen ist das gesamte Gebiet im „Fränkischen Rundling".

2. Grundsätze
(1) Werden bei baulichen Maßnahmen ursprüngliche Bauformen, Bauweisen, Gestaltungselemente oder Farbgebungen sichtbar und sind diese belegbar (historischer Befund), sind sie weitestgehend zu erhalten, für einen Wiedereinsatz zu bergen bzw. wiederherzustellen.
(2) Bauliche Maßnahmen aller Art, auch Instandsetzungs- und Unterhaltungsarbeiten, sind bezüglich Gestaltung, Konstruktion, Werkstoffwahl und Farbe so auszuführen, dass das überlieferte Straßen- und Ortsbild nicht beeinträchtigt wird. Bei der Errichtung von baulichen Anlagen ist zu beachten, dass ein bruchloser, gestalterischer Zusammenhang mit dem historischen Gebäudebestand entsteht. Dies gilt insbesondere hinsichtlich der Fassadengestaltung und der dabei angewandten maßstäblichen Gliederung, der Geschlossenheit und Einheitlichkeit der Dachlandschaft.
(3) Sonstige Vorschriften aufgrund des Hessischen Denkmalschutzgesetzes bleiben unberührt.

3. Baukörper
(1) Baukörper haben sich nach Art, Form und Höhe an der ursprünglichen Bebauung zu orientieren.
(2) Bestehende Baufluchten sind einzuhalten.
(3) Das einzelne Gebäude darf gestalterisch weder in den Fassaden noch in den Dachflächen mit den Nachbargebäuden zusammengezogen werden.

4. Dächer, Dachformen
(1) Die Stellung der Dächer, die Dachformen und die Dachneigung sind dem historischen Bestand der Umgebung entsprechend auszuführen.
(2) Ausnahmen können zugelassen werden, wenn der historische Befund dies rechtfertigt oder die Einheitlichkeit der Dachlandschaft nicht beeinträchtigt wird.

5. Dachdeckung
(1) Als Dachdeckungsmaterial sind ortstypische Natur- oder Kunstschieferplatten bzw. vergleichbare Materialien zu verwenden.
(2) Ausnahmen können zugelassen werden, wenn der historische Befund dies rechtfertigt.

6. Dachaufbauten, Dacheinschnitte, Dachfenster
(1) Als Dachaufbauten sind je nach historischem Befund und (wenn dieser nicht nachweisbar ist) der Umgebung entsprechend nur stehende Gauben als Schleppgauben oder Gauben mit Satteldach oder Walmdach und Zwerchhäuser zulässig, die sich in Lage und Größe in die Dachlandschaft einfügen.
(2) Die Dachaufbauten sind farblich der umgebenden Dachfläche anzupassen, sofern nicht aufgrund des historischen Befundes eine abweichende Gestaltung oder Farbgebung gefordert werden muss.
(3) Aufbauten und Gebäude für Aufzugsanlagen oder andere technische Einrichtungen dürfen den First nicht überragen. Sie sind nur in der von der Straße abgewandten Dachfläche, bei giebelständigen Gebäuden nur in der hinteren Hälfte der Dachfläche, zulässig.
(4) Dacheinschnitte und liegende Dachfenster sind nur zulässig, wenn sie von öffentlichen Flächen aus nicht sichtbar sind. Die Einfassung der Dacheinschnitte und der Dachfenster haben sich in der Materialwahl dem Gesamtgebäude anzupassen.

7. Ortgang und Traufe
Für alle sichtbaren Teile des Dachabschlusses (Traufbretter, Ortgang, Traufe als Kastengesims, Dachuntersicht) ist ein auf die Fassade oder auf die Farbe des Daches abgestimmter Farbanstrich zu wählen.

8. Ausstattung im Bereich der Dächer
(1) Außenantennen dürfen nicht nur auf der von öffentlichen Flächen nicht einsehbaren Dachfläche installiert werden. Es darf nicht mehr als eine Antenne auf einem Gebäude errichtet werden.
(2) Schneefangeinrichtungen sind in einem Abstand von mindestens 50 cm von der Traufe anzubringen. Metallteile sind dem Farbton der Dachfläche anzugleichen.
(3) Dachrinnen und Verwahrungen, die nicht aus Kupferblech hergestellt sind, müssen in einer dem Dach oder dem Gesims angepassten Farbe gestrichen werden.
(4) Anlagen zur Nutzung von Sonnen- und Umweltenergien sind nur dann zulässig, wenn sie sich dem historischen Charakter des Gebäudes oder der

Umgebung gestalterisch unterordnen und von öffentlichen Flächen nicht sichtbar sind.

9. Wandflächen und Fachwerk

(1) Außenwandflächen sind verputzt oder mit Sichtfachwerk herzustellen. Die Putzstruktur bei historischen Gebäuden muss dem jeweiligen Baustil entsprechen. Bei Neubauten sind, grob strukturierte Putze unzulässig. Klinkermauerwerk ist zu erhalten.
(2) Fassadenprofilierungen wie Gesimse, Bänder, Lisenen, Fenster- und Türeinfassungen sind bei Umbauten wieder herzustellen.
(3) Fachwerkfassaden sind zu erhalten. Bei wesentlichen Instandsetzungs- und Umbaumaßnahmen an der Fassade soll historisch belegbares Sichtfachwerk wieder freigelegt werden.

10. Türen und Tore

Historische Haustüren und Tore sind zu erhalten. Bei unvermeidbarer Erneuerung haben sie sich in Material, Form und Farbe am historischen Vorbild zu orientieren.

11. Fenster

(1) Fenster sind bei historischen Gebäuden dem jeweiligen Baustil anzupassen.
(2) Fensteröffnungen sind vorwiegend rechteckig stehend auszubilden.
(3) Glasflächen über 60 cm Höhe sollten durch Sprossen geteilt werden.
(4) Glasflächen sind in farbneutralem Material auszuführen.

12. Schaufenster und Schaukästen

(1) Schaufenster sind nur im Erdgeschossbereich zulässig. Sie müssen sich in Größe und Form der Gliederung des Baukörpers (Punkt 3) anpassen.
(2) Die Abstände zu den seitlichen Außenwänden müssen den entsprechenden Abständen der Fenster in den oberen Geschossen entsprechen, mindestens jedoch 75 cm.

13. Sonnenschutzanlagen

(1) Klappläden sollten, soweit sie historisch belegbar sind, wieder angebracht werden. Klappläden aus Kunststoff sind nicht zulässig.
(2) Markisen sind nur im Erdgeschossbereich zulässig. Gliederungselemente der Fassade (Punkt 9) dürfen nicht überschritten werden. Der Markisenbezug muss farblich auf die Fassade abgestimmt sein.
(3) Rollläden sind als zusätzlicher Sonnenschutz zulässig, sofern die ursprünglichen Fensterproportionen beibehalten und das äußere Erschei-

nungsbild der Fassade nicht beeinträchtigt wird. Bei Neubauten dürfen Rollladenkästen außen nicht in Erscheinung treten.

14. Ausstattung im Bereich der Fassade
(1) Geneigte Vordächer haben sich in Material und Form an der Gesamtfassadengestaltung zu orientieren.
(2) Flachdachvordächer und Kragplatten sind an der der Straße zugewandten Hausseite nicht zulässig.
(3) Fassadenbegrünung mit standortgerechten Rankgewächsen oder Blumenkästen ist erwünscht.

15. Farbgebung
(1) Die Farbgebung ist nach der vorliegenden Farbleitplanung, entsprechend dem historischen Befund bzw. so vorzunehmen, dass Rücksicht auf das räumliche und räumlichfarbige Milieu der Umgebung genommen wird.
(2) Malereien an Fassaden sind nur nach historischem Befund oder zur Betonung der architektonischen Gliederung der Gebäude herzustellen. Figürliche Fassadenmalereien sind an den von öffentlichen Flächen einsehbaren Fassaden nicht gestattet.
(3) Auf die zusätzliche Farbgebungsbestimmung wird in den jeweilgen Punkten ausdrücklich hingewiesen.

16. Werbeanlagen und Warenautomaten
(1) Werbeanlagen nach § 55 HBO, Anlage 2 (10. Werbeanlagen und Warenautomaten) sind nur an der Stätte der Leistung zulässig und dürfen das Straßenbild, Ortsbild oder Landschaftsbild nicht verunstalten oder die Sicherheit und Leichtigkeit des Verkehrs gefährden.
(2) Werbeanlagen dürfen oberhalb der Fensterbrüstung des ersten Obergeschosses nicht angebracht werden. Dies gilt nicht für künstlerisch gestaltete Ausleger.
(3) Fassadengliedernde Elemente (Gesimse, Erker, Tore, Pfeiler, u.a.) dürfen in ihrer Wirkung nicht beeinträchtigt werden.
(4) Für jedes Geschäft ist auf einer Hausfront nur eine Werbeanlage zulässig. Schmiedeeiserne Ausleger und künstlerisch gestaltete Steckschilder werden dabei nicht mitgerechnet. Werbeanlagen mehrerer Geschäfte an einem Haus müssen aufeinander abgestimmt sein.
(5) Die Höhe der Werbeanlagen und Schriften darf 40 cm nicht überschreiten. Ihre horizontale Abwicklung darf nicht länger sein als 2/3 der Gebäudefront,
jedoch höchstens 6m. Es sind Einzelbuchstaben anzustreben.

(6) Unzulässig sind:
- Anlagen mit wechselndem oder beweglichem Licht oder Rückstrahlschilder,
- Anlagen aus von innen beleuchteten Kunststoffkästen,
- Produktwerbung,
- bewegliche Werbeanlagen in Form von Tafeln, Säulen, Fahnen, Luftballons und ähnliches, die länger als einen Monat aufgestellt sind.
(7) Warenautomaten sind unzulässig, wenn sie auf die, der Straße zugewandten Fassade, aufgesetzt sind. Die Absätze 1 - 6 sind sinngemäß anzuwenden.

17. Genehmigungspflicht
Für Werbeanlagen über 0,25m² Ansichtsfläche ist, abweichend von § 63 Abs. 3 HBO, aufgrund von § 80 Abs. 4 eine Genehmigung erforderlich.

18. Unbebaute Flächen und Einfriedungen
(1) Die Befestigung von unbebauten Grundstücken und sonstigen Freiflächen sowie die Einfriedung müssen sich, soweit sie an öffentlich zugängliche Flächen angrenzen oder von ihnen direkt einsehbar sind, in Material, Farbe, Werkstoff und handwerklicher Verarbeitung dem Charakter der Altstadt anpassen.
(2) Die Befestigung der Flächen sollte wasserdurchlässig (z. B. wassergebundene Decke, Rasenpflaster, Schotterrasen), vegetationsfreundlich gestaltet werden.

19. Stützmauern und Außentreppen
(1) Bei Stützmauern und Außentreppen, die von öffentlichen Flächen eingesehen werden können, sind folgende Materialoberflächen zulässig: glasierte Keramik, Metall, Zement und Kunststoffe.
(2) Großflächige Stützmauern sind zu gliedern.

20. Ausnahmen und Befreiungen
(1) Von Vorschriften dieser Satzung, die als Sollvorschriften aufgestellt sind oder in denen Ausnahmen vorgesehen sind, können Ausnahmen gestattet werden, wenn sie mit den öffentlichen Belangen vereinbar sind und die festgelegten Voraussetzungen vorliegen.
(2) Von zwingenden Vorschriften kann auf schriftlichen und zu begründeten Antrag befreit werden, wenn Gründe des Allgemeinwohls die Abweichung fordern oder die Durchführung der Vorschrift im Einzelfall zu einer offenbar nicht beabsichtigten Härte führen würde und die Abweichung mit den öffentlichen Belangen vereinbar ist.

8.5 Beschreibung

Diese vorgestellte Gestaltungssatzung setzt sich aus verschiedenen vorhandenen Satzungen sowie eigenen Ideen zusammen und zeigt, wie viele Punkte nötig sind in dem Fall Ober-Roden, um eine Verbesserung des Stadtbildes zu erzielen. Grundlage dabei ist die Situation, dass momentan keine Satzung vorhanden ist, und der Ortskern durch stark unterschiedliche Bauweisen geprägt ist. Eine stärkere Einschränkung durch die Satzung kann für die kommende Jahre sehr hilfreich sein, in der Reduzierung der willkürlichen Bau- und Gestaltungsweise im Kern.

Die Satzung soll sich auf den Bereich innerhalb des „Fränkischen Rundling" beziehen und die vorhandenen historischen Elemente schützen. Es wichtig, sich Gedanken zu machen, was vorhanden ist, was sich lohnt zu erhalten und wie weit lässt sich die Gestaltung in Zukunft lenken. Die Forderungen der CDU und FDP entsprechen genau der Situation die vorhanden ist. Es sind soviel gemischte Elemente in Ober-Roden vorhanden, die es gilt, jetzt strikt einzugrenzen. Da sich diese Elemente nicht entfernen lassen, ist es erforderlich, die Förderung weiterer unterschiedlicher Elemente zu stoppen.

Durch die momentane Präsentation des Ortskerns nach außen ist es sehr wichtig, auch auf kleine Details ein Auge zu werfen und diese in der Satzung festzuhalten.

Wichtig hierbei erscheint die Gestaltung in einheitlichen Farben, strengere Auflagen für anbringen von Werbemittel und Warenautomaten, Erhaltung historischer Elemente, Erscheinungsbild von Fenstern und Türen nach außen in Richtung Straße, Dachform und Gestaltung des Daches und Elemente die nicht durch die Hessische Bauordnung geregelt sind. Die Satzung ist im Großen und Ganzen das Gegenteil zu der vorhandenen Struktur und den Potentialen.

Genauere und detaillierte Einschränkungen mit Maßen und Daten sowie Fakten müssten gegebenenfalls in Betrachtet gezogen werden und können, wenn nötig, mit verfasst werden.

Diese Satzung bildet ein Grundgerüst und gibt preis worauf es ankommt, wie weit eine Satzung eingreifen kann und ermöglicht, weitere Punkte und Themen zu verfassen.

Sie ist eine fiktive Satzung und als Beispiel anzusehen, für eine Gestaltungssatzung, die sich aus der Projektarbeit heraus ergeben hat. Eventuell sind andere Kriterien, die der Gemeinde wichtig sind, in dieser Satzung nicht beachtet. Da momentan über eine Gestaltungssatzung diskutiert wird, ist es schwer, genaue Wünsche und Kriterien in der Gemeinde heraus zu kristallisieren und mit einzubinden. Deshalb ist der Orientierungspunkt dieser Satzung das Projekt „Zukunftsprojekt Innenentwicklung Ober-Roden".

9 Ausblick in die Zukunft

Gestaltungssatzungen sind wichtiger denn je. Sie ermöglichen den Gemeinden ein Eingreifen in die Stadtplanung und -entwicklung. Restliche, offen stehende Punkte aus Landesbauordnung und Baugesetzbuch können damit geklärt und festgelegt werden. Die Entwicklung in den letzten Jahren zeigt, dass sich Gemeinden gerne offen und freundlich präsentieren möchten. Gerade in der heutigen Zeit der stark fallenden Bevölkerungszahlen in kleinen Gemeinden ist Handlungsbedarf nötig und fördert somit die bessere und genauere Entwicklung von Stadtplanung, und deren Vorschriften. Es wird nicht wie in den letzten Jahrzehnten geschehen, dass aus der Not heraus eine Satzung aufgestellt wird, sondern mit Ideen und neuen Wegen versucht wird, eine bauliche Zukunft zu sichern, die nicht nur den Bewohnern selbst gefällt, sondern auch neue Bewohner werben und andere einladen soll. „Attraktivität" und „Besonderheit" sind die Wörter der zukünftigen Entwicklung. Jede Gemeinde legt mittlerweile viel mehr Wert auf ihr Stadtbild als auf die Nützlichkeit eines Wohnortes.

Und mit Vorsicht vor kurzfristigen Trends und nachhaltigen Plänen werden sich viele Gemeinden entwickeln, wie es vorher nicht auszudenken war. Es ist eine Entwicklung die erst begonnen hat und die sich in den nächsten Jahrzehnten immer deutlicher zeigen wird. Weg von der der eigenen Entwicklung, hin zu Entwicklungen mit Ideen von mehreren, außenstehenden Gruppen und Planungsbüros. Die Eigenverantwortung der Gemeinden wächst und führt dazu, dass sich Gemeinden nicht einfach „gehen" lassen, sondern handeln.

Entwicklungen außerhalb des Ortskerns sind positiv zu betrachten und sollten nur soweit eingeschränkt werden, dass es das Wachstum der Gemeinde nicht stört. Wichtiger den je ist es, einen Mittelpunkt zu schaffen, der einen Kern des Gesamten bildet, Bewohner wieder anzieht und die Möglichkeit bietet, sich weiter zu entwickeln. Das Gewerbe wird dadurch automatisch mit angezogen und entwickelt sich parallel dazu.

In Zukunft wird der Begriff „Gestaltungssatzung" oder „Ortssatzung" immer häufiger fallen, und die Bewohner und Gewerbe des Ortes zunehmend stärker mit in die Verantwortung gezogen.

Nur so haben kleinere Gemeinden eine Chance, sich in der heutigen Zeit zu beweisen und gegen die großen Zentren, die außerhalb des Ortes entstehen, zu stellen. Ein „entweder oder" ist heute nicht mehr möglich, dazu sind Einkaufszentren und größere Städte einfach zu mächtig. Dennoch sollte versucht werden, die Gemeinde als Alternative zu den großen Zentren zu sehen. Erst wenn ein Ortszentrum attraktiv erscheint und zum Einkaufen einlädt, werden Besucher immer wieder kommen und die Bewohner fühlen sich wohler.

„Das öffentliche Wohl soll das oberste Gesetz sein."
Marcus Tullius Cicero

10 Fazit und abschließende Betrachtung

Gestaltungssatzungen sind ein Instrument, das richtig angewendet und verfasst, ein starkes Eingreifen der Gemeinde selbst ermöglicht. Nicht viele Gemeinden nutzen die Chance, ihre eigene unabhängige Satzung zu planen und zu erstellen. Mit einer Satzung wären die Gemeinden in ihren verfassten Punkten unabhängig von Landesbauordnungen. Sie könnten ihre städtebaulichen Potentiale selbst erkennen, nutzen und pflegen. Desweiteren ermöglicht die Gestaltungssatzung, ein Gefühl für die Gemeinde zu entwickeln, welches dazu befähigt, ein Zentrum zu pflegen, wie es sonst in keiner Gemeinde vorhanden ist, ihrer Gemeinde ein Gesicht zu geben, welches einen Eindruck hinterlässt.

Leider sind viele Gemeinden in Deutschland nicht bereit, auf eine eigene Gestaltungssatzung zu bauen und verlassen sich auf Bauplaner oder auf die Baugesetze selbst. Ortsansässige mögen noch einen Sinn für ihren Ort erkennen, aber fremde Baufirmen und Bauherren sind in ihren Möglichkeiten weit offen und nutzen ihre Pläne oft, um nach ihrem Sinn zu gestalten. Letztes Mittel dieses zu verhindern, ist der Bauleitplan, auf den viele Gemeinden setzen. Dennoch zeigt die Praxis häufig, dass zu punktuell gedacht und zu viel zugelassen wird und man sich nicht ausreichend Gedanken über die Folgen und das Gesamtbild der Stadterneuerung macht. So entstehen in großen Städten Bauten aus Beton neben alten Fachwerkhäusern und ruinieren durch diesen Stilbruch das Bild des Stadtkerns und seine Attraktivität auf Ortsansässige, und -interessierte.

Die Zeit der großen Veränderungen in Städten und Gemeinden waren die Jahre nach dem Krieg und die Siebziger.

Nach dem Krieg war der schnelle Wiederaufbau wichtig, weswegen es auch nicht wundert, dass hier der Sinn der Nutzung eines Baus im Vordergrund stand und nicht die Gestaltung und die Ausmalung des Ortes.

Daher wurden aus diesem Blickwinkel, in den Siebzigern, viele Fehler gemacht. Verschiedene Elemente, in Gestaltung und Form, überschwappten das Land ohne Halt und Infragestellung. Die Auswirkungen sind noch heute sehr deutlich zu erkennen. Was bei der Erschaffung möglicherweise noch attraktiv erschien, ist heute der Gemeinde oft ein Klotz am Bein. Gerade hier wurden die Möglichkeiten, die eine Gestaltungssatzung bietet, nicht genutzt. Diese Fehler versucht man heute mit viel Geld wieder auszubügeln. Planungsbüros werden engagiert und sollen häufig Wunder vollbringen. Leider können Gebäude, wie Plattenbauten im Zentrum, nicht durch Gestaltung und Planung wegretuschiert werden. Einmal gebaut und Gemeinde muss damit leben oder sie abreißen.

Positiv ist jedoch der Schritt einer Gemeinde zu erkennen, dass der Ort mehr Potentiale hat als angenommen wurde. Diese zu nutzen, auszubauen oder erhalten zu wollen ist ein Weg in die richtige Richtung, denn die Zukunft bietet noch mehr neue, außergewöhnliche Bauweisen, die heute noch nicht absehbar sind. Die Gestaltungssatzung geht heute einen anderen Weg als noch vor 30 Jahren. Aus einem Laster heraus wurde die Gestaltungssatzung immer mehr ein Mittel, das sehr hilfreich sein kann und, wird es richtig eingesetzt, vieles bewirken und verändern kann.

11 Quellenverzeichnis

11.1 Bücher und Zeitschriften

Flagge, Ingeborg   Gestaltung und Satzung, Baufreiheit oder verordnete Baugestaltung, erste Auflage, Heinz Moos Verlag München, 1982, ISBN: 3787902317

Schomerus, Andreas   Die Gestaltungssatzung als Instrument der Dorfentwicklung, erste Auflage, Fraunhofer IRB Verlag, 1986, Best.-Nr. T 1815

Dr. Schröer, Thomas   Hessische Bauordnung und ergänzende Bestimmungen, erste Auflage, C.H. Beck Verlag, Stand 15. Januar 2007, ISBN: 9783406556722

Beth, Andreas   Die Anwendung der Theorie der zentralen Orte in der Raumplanung der Bundesrepublik Deutschland LV-Nr.: 04 050, PS, Mi 12-14

Deutsches Seminar   Anwendung von Gestaltungssatzungen und Sondernutzungsgebühren für Städtebau und   in Innenstädten (2000) Wirtschaft (DSSW)

Schuhmann, Heidrun   Visualisierung: Grundlagen und allgemeine Methoden, erste Auflage, Springer Verlag 2000 ISBN:3540649441

11.2 Internetquellen

http://www.bergheim.de/planen_bauen_wohnen/gestaltungssatzung.shtml, Stand 20. Mai 2008

http://www.tiefburg.de/Gesaltungssatzung.pdf, Stand 23. Mai 2008

http://lexikon.meyers.de/meyers/St%C3%A4dtebau, Stand 27. Mai 2008

http://lexikon.meyers.de/meyers/Limburg_a._d._Lahn, Stand 12. Juni 2008

http://www.limburg.de/media/custom/436_1038_1.PDF, Stand 12. Juni 2008

http://www.michelstadt.de/fileadmin/groups/1/stadtverwaltung/Satzungen/gestaltungssatzung.pdf, Stand 12. Juni 2008

http://www.michelstadt.de/Geschichtliche-Entwi.81.0.html, Stand 13. Juni 2008

http://www.dssw.de/fileadmin/repository_redakteure/downloads/DSSW-Materialien/2000/2000-gestaltungssatzungen.pdf, Stand 13. Juni 2008

http://www.roedermark.de/02/geschichte/index.htm, Stand 16. Juni 2008

http://www.map24.de, Ortskern Rödermark Ober-Roden, Stand 27. Juni 2008

12 Anlagen

12.1 Gestaltungssatzung Limburg an der Lahn

Ortsbausatzung der Kreisstadt Limburg a.d. Lahn für das Gebiet des historischen Stadtkernes

Der historische Stadtkern der Kreisstadt Limburg a.d. Lahn stellt ein städtebauliches, kulturelles und gesellschaftliches Erbe von hohem Rang dar, das zu bewahren und zu erneuern im Interesse der Allgemeinheit liegt.

Das in Jahrhunderten gewachsene und im letzten Krieg unzerstört gebliebene Stadtbild der Altstadt erfordert bei der Sanierung und Fortentwicklung besondere Rücksichtnahme auf den historischen Baubestand, auf überkommene Gestaltungsmerkmale und Gestaltungsregeln.

Aufgrund der §§ 5 und 51 der Hessischen Gemeindeordnung (HGO) vom 25. Februar 1952 (GVBl. I S. 11) in der Fassung vom 1. Juli 1960 (GVBl. I S. 103), zuletzt geändert durch Gesetz vom 14. Juli 1977 (GVBl. I S. 319) und des § 118 (1) Ziff. 6 der Hessischen Bauordnung (HBO) vom 31. August 1976 (GVBl. I S. 339) geändert durch Gesetz vom 21. Juni 1977 (GVBl. I S. 282) und durch Gesetz vom 26. September 1977 (GVBl. I S. 391) hat die Stadtverordnetenversammlung der Kreisstadt Limburg a.d. Lahn in ihrer Sitzung am 28. Juni 1978 die folgende Satzung beschlossen:

§ 1 Geltungsbereich

Die Gültigkeit dieser Satzung erstreckt sich auf das in der beigegebenen Übersichtskarte im Maßstab 1 : 2000 dargestellte Gebiet des historischen Stadtkerns und zwar für bauliche Anlagen und Werbeanlagen, die von öffentlichen Plätzen, Straßen und Gassen sowie von Privatstraßen, die der öffentlichen Benutzung dienen, eingesehen werden können.

Im Geltungsbereich sind die in der Karte hervorgehobenen und in der beigefügten Liste aufgeführten historischen Ortsbilder (Straßen und Plätze) und kultur- und kunsthistorisch wertvollen Bauwerke besonders zu schützen und zu pflegen. Die Karte und Liste bilden einen Bestandteil dieser Satzung.

Die Vorschriften dieser Ortsbausatzung gelten nicht, soweit in Bebauungsplänen Abweichendes bestimmt ist oder wird.

Von der Ortsbausatzung bleiben abweichende oder weitergehende Anforderungen aufgrund des Hessischen Denkmalschutzgesetzes unberührt.

§ 2 Allgemeine Anforderungen

Bauliche Anlagen und Werbeanlagen sind so anzuordnen, zu errichten, aufzustellen, anzubringen, zu ändern, zu gestalten und zu unterhalten, daß sie nach Form, Maßstab, Werkstoff, Farbe und Verhältnis der Baumassen und Bauteile zueinander den historischen Charakter, die künstlerische Eigenart und die städtebauliche Bedeutung des Einzelobjekts, des Straßen- oder Platzbildes und des Altstadtgefüges nicht beeinträchtigen (§§ 14 und 15 der Hessischen Bauordnung).

§ 3 Bauwiche, Abstände und Abstandsflächen

Soweit im Geltungsbereich dieser Satzung die Altbebauung Traufgasssen (Ahlen) oder sonstige Hauszwischenräume zwischen einzelnen Gebäuden aufweist, die geringer sind als sie sich aus den §§ 7 und 8 der Hessischen Bauordnung sowie der Abstandsflächenverordnung ergeben, werden die Maße für Bauwiche, Abstände und Abstandsflächen auf das Maß der bestehenden Zwischenräume verringert.

Dies gilt entsprechend für Gebäudeabstände (Abstandsflächen) bei Gebäuden, die sich an Verkehrsflächen gegenüber liegen, sowie für Abstände zwischen Gebäuden und sonstigen baulichen Anlagen.

§ 4 Einfügung der Bauwerke, Bauteile und des Bauzubehörs

(1) Bauwerke, Bauteile und Bauzubehör sind so auszuführen, daß sie die Eigenart oder die aufgrund rechtsverbindlicher Planung beabsichtigte Gestaltung des Straßen-, Stadt- oder Landschaftsbildes nicht stören.

Auf Bau-, Kultur- und Naturdenkmäler und auf andere erhaltenswerte Eigenarten der Umgebung - insbesondere Baumbestände - muß Rücksicht genommen werden.

(2) Werden Gebäude geändert oder erneuert, ist zur Erhaltung des historischen Stadtbildes die Stellung der Gebäude zur Straße hin sowie die Firstrichtung und Dachneigung beizubehalten.

Zur Erhaltung der vorhandenen Maßstäblichkeit und Formenvielfalt sind Baukörper in der Länge, Breite und Höhe (Geschoßzahl) sowie in ihrer Gesamtgestaltung so auszuführen, daß sie sich in die Umgebung, den Straßenzug oder des Platzbildes harmonisch einfügen.

Alle sichtbaren Bauteile sind mit herkömmlichem ortsüblichem oder solchem Material auszuführen, das dem herkömmlichen in Form, Oberflächenbeschaffenheit und Farbe entspricht.

§ 5 Bestimmungen über Einzelheiten der Baugestaltung

(1) Außenwände

Die Außenwände aus gutgestaltetem Fachwerk sind freizuhalten bzw. freizulegen, wenn diese nach Material, Verarbeitung und Bauzustand dafür erforderliche Qualität aufweisen und evtl. vorhandene Verkleidungen nicht bauhistorisch begründet sind.

In Straßenzügen, in denen der Fachwerkbau vorherrscht, müssen Fassaden von Neubauten in sichtbarem Holzfachwerk ausgeführt werden. Auf Außenputz ist entsprechend den vorhandenen Vorbildern glatt oder von Hand

verrieben holzbündig auszuführen und in der Regel mit Kalk- oder Mineralfarbanstrich zu versehen.

Grob gemusterte Putze sind nicht gestattet. Glänzende Anstriche auf Putz-, Stein- oder Holzflächen sind grundsätzlich untersagt. Das Verkleiden von sichtbaren Außenwänden mit Blech, poliertem oder geschliffenem

Werkstein, glasierten Keramikplatten, Mosaik, Glas oder Kunststoff aller Art oder die Verwendung ähnlich wirkender Anstriche ist unzulässig. Unglasierte keramische Platten in gedämpften Farbtönen und heimische Werk- bzw.

Natursteine sind an Sockeln und Sockelgeschossen zulässig, soweit sie in Farbe und Größe mit dem Bauwerk harmonieren.

(2) Dachausbauten, Dachneigung, Dacheindeckung und Antennen

Dachausbauten mit senkrechten Fensterflächen dürfen entsprechend den bestehenden Vorbildern nur als Zwerchhäuser oder als Einzelgauben mit einem einzelnen oder zwei gekoppelten Fenstern ausgeführt werden und sind mit Giebeldächern zu versehen. Die Seitenflächen sind zu verkleiden. Das Material hierfür ist in Maßstab und Farbe der Dechdeckung anzupassen. Dachausbauten mit Schleppdächern können nur in Ausnahmefällen zugelassen werden. Der seitliche Abstand vom Dachrand muß mindestens 1,50 m betragen. Liegende Dachfenster über 0,5 qm Fläche sind unzulässig, wenn sie von öffentlichen Verkehrsflächen aus einsehbar sind. Die Zahl und Größe von liegenden Dachfenstern
sind auf ein Mindestmaß und ausschließlich auf die Erfordernisse der Dachinstandsetzung und Schornsteinreinigung zu beschränken.
Die Dachneigung aller Gebäude, die von öffentlichen Verkehrsflächen aus sichtbar sind, muß mehr als 45° alter Teilung betragen. Flachdächer sind nur in nicht einsehbaren Bereichen und bei Terrassen zulässig. Die Dacheindeckung muß in der Regel in Naturschiefer erfolgen. Ausnahmsweise kann bei Bauwerken von untergeordneter denkmalpflegerischer Bedeutung österreichischer Kunstschiefer ("Denkmalplatte") Anwendung finden.
Fernseh- und Rundfunkantennen sind, soweit es ein normaler Empfang erlaubt, unter Dach, im übrigen möglichst unauffällig anzubringen. Bei Gebäuden mit mehr als einer Wohnung sind nur Gemeinschaftsantennen zulässig.
(3) Fenster, Schaufenster, Türen und Tore Fenster und Eingangsöffnungen müssen in Größe, Maßstab und Gestaltung dem Charakter des Gebäudes sowie des Straßen- und Platzbildes angepasst sein. Dies gilt auch für Fenstervergitterungen und Fenstergrößen. Das Verhältnis von Breite zur Höhe bei Fenstern soll 2 : 3 bis 4 : 5 betragen. Sie sind in Holzkonstruktion auszuführen mit Sprossenteilung im stehenden Format in einem angemessenen Verhältnis zur Öffnung. Die Größe von Schaufenstern muß in einem harmonischen Verhältnis zur Gesamtfassade stehen. Die Ausführung von durchgehenden Glasfronten mit zurückgesetzten Stützen ist unzulässig, vielmehr sind Mauerpfeiler anzuordnen, die sich dem Charakter der Fassade anpassen. Das Einrichten von Schaufenstern über dem Erdgeschoß ist nicht erlaubt. Unzulässig sind stark profilierte, glänzend eloxierte Fensterrahmen. Die Schaufensterrahmen müssen mindestens 8 cm hinter der Außenwand liegen oder sind vitrinenartig zu gestalten. Haustüren und Garagentore sind in heimischem Holz auszuführen. Bauteile von kulturhistorischem Wert wie wertvolle alte Türen und Tore, Türdrücker, Glockenzüge, Beschläge, Gitter usw. sind an Ort und Stelle zu erhalten.
(4) Markisen, Jalousetten, Rollläden, Fensterläden
Markisen dürfen an Schaufenstern nur angebracht werden, wenn diese die Fassade des Gebäudes sowie das Straßen- bzw. Ortsbild nicht nachteilig beeinflussen und es zum Schutze der in Schaufenstern auszustellenden Ware notwendig ist. Sonnenmarkisen dürfen bedeutsame Architekturteile nicht überschneiden und müssen
eine lichte Durchgangshöhe von 2,20 m haben. Farben, die sich in die Umgebung nicht harmonisch einfügen und glänzende Materialien sind unzulässig. Verkehrsrechtliche Vorschriften bleiben unberührt.
Jalousetten und Rollläden dürfen nicht außerhalb der Fenster angebracht werden. Als Innenjalousette sind nur einfarbige Ausführungen zugelassen. Vorhandene Fensterläden sind zu erhalten. Neue Fensterläden sollen angebracht werden, wenn dadurch eine gute Gliederung der Fassaden erreicht wird. Neuanfertigungen sind nur in Holzausführung in herkömmlicher Konstruktion zulässig.

§ 6 Anlagen der Außenwerbung

(1) Anlagen der Außenwerbung müssen nach Umfang, Anordnung, Werkstoff, Farbe und Gestaltung den Bauwerken unterordnen und dürfen wesentliche Bauglieder nicht verdecken oder überschneiden. Regellose Häufung von Anlagen der Außenwerbung, die Verwendung greller Farben und überdimensionaler bildlicher Darstellung sind unzulässig. Bei den Ausmaßen von Werbeanlagen ist in besonderer Weise auf die Eigenart des jeweiligen Gebäudes und der Umgebung Rücksicht zu nehmen. Je Betrieb ist an jeder Gebäudefront nur eine Werbeanlage gestattet.

(2) Anlagen der Außenwerbung dürfen nur bis zur Höhe der Fensterbrüstung des 1. Obergeschosses angebracht werden. "Sie sind nicht gestattet an Einfriedungen, Türen, Toren, Dächern und über Dach".

(3) In Form von Glas- und Emailschildern, Blinklicht, Schaubändern und sich bewegenden Konstruktionen dürfen Außenwerbungen nicht ausgeführt werden.

(4) Firmenaufschriften müssen sich in ihrer Größe dem Maßstab der Fassade harmonisch einfügen. Sie sind vorzugsweise mit auf der Wandfläche aufgesetzten Buchstaben aus Metall, Holz in Sgraffito oder aufgemalter Schrift auszuführen. Dabei ist die Farbgebung auf die Umgebung abzustimmen, vertikale oder schräge Anordnung der Buchstaben ist unzulässig. Auslegeschilder dürfen in ihrer Ausladung nicht mehr als 1,50 m über die Gebäudefront hinausragen und müssen mindestens 0,70 m von der Fahrbahnkante entfernt sein. Sie sollen möglichst nahe der Außenkante der Fassade liegen. Die Unterkante muß mindestens 2,50 m über der Bürgersteigoberkante liegen. Sie sind nach Möglichkeit handwerklich zu gestalten und müssen sich dem Bauwerk und der Umgebung harmonisch einfügen.

(5) Bewegliche Leuchtreklame und Leuchtschilder (Transparente) an den Wandflächen sind unzulässig.

(6) Es dürfen nur handwerklich gestaltete Ausleger Verwendung finden, die eine seitliche Ansichtsfläche von 0,50 qm nicht überschreiten. Diese Werbeanlagen sind nur mit Beleuchtungen außen zulässig. Kastenförmige Werbeanlagen sind unzulässig.

(7) Die Anbringung von Leuchtschrift in weißer oder gelber Farbe auf Wandflächen kann zugelassen werden, wenn dadurch auch bei Tage keine Beeinträchtigung der Gestaltung der Hausfront eintritt. Abs. 3 gilt entsprechend. Die Ausdehnung und Höhe der Schrift muss sich harmonisch in die Fläche einfügen. Grellbunte, die umgebende Bebauung beeinträchtigende Farben sind unzulässig. Röhrenschriften ohne Kästen und Buchstaben mit verdeckten Röhren, die den dahintergelegten Putz anstrahlen, sind bevorzugt anzuwenden. Die Anbringung von Anlagen der Außenwerbung ist auch über den Rahmen der Bestimmungen der §§ 88 und 89 HBO hinaus in jedem Fall genehmigungspflichtig und bedarf der Zustimmung des Magistrats der Kreisstadt Limburg als Unterer Bauaufsichtsbehörde. Die zur Beurteilung erforderlichen Zeichnungen sind durch eine maßstäbliche Fassadenzeichnung bzw. Foto zu erläutern und dem Antrag in zweifacher Ausfertigung beizufügen.

(8) Vorhandene nicht genehmigte Werbeanlagen, die den vorgenannten Bestimmungen widersprechen und das Straßenbild beeinträchtigen, sind nach Ablauf eines halben Jahres nach Inkrafttreten dieser Satzung auf Verlangen des Magistrats der Kreisstadt Limburg zu beseitigen oder den vorgenannten Bestimmungen anzupassen.

(9) Die Werbeeinrichtungen sind ständig in sauberem und gutem Zustand zu halten.

§ 7 Baugenehmigung und Bauanzeige

Der bauaufsichtlichen Genehmigung bedarf, wer ein Kulturdenkmal zerstören, beseitigen, in seinem Erscheinungsbild wesentlich beeinträchtigen, umgestalten, instandsetzen, in seinen Bestand eingreifen, mit Aufschriften oder Werbeeinrichtungen versehen oder von seinem Standort entfernen will. Ferner bedarf einer Genehmigung, wer in der Umgebung eines Kulturdenkmals oder einer Gesamtanlage Anlagen errichtet, verändern oder beseitigen will, soweit hierdurch das Kulturdenkmal, sein Erscheinungsbild oder die Gesamtanlage dauernd oder wesentlich beeinträchtigt werden.

Um prüfen zu können, ob ein Bauvorhaben den Vorschriften der Satzung genügt, sind Angaben über die Nachbargrundstücke besonders hinsichtlich der Straßenansichten mit Maßangaben in die Baupläne mit aufzunehmen bzw. Gebäudeansichten durch Lichtbilder zu ergänzen.

Auf Verlangen des Magistrats als Untere Bauaufsichtsbehörde sind Proben des Außenputzes, des Farbanstriches oder anderer wesentlicher Bauglieder in ausreichender Größe an geeigneten Stellen anzubringen, bevor die Genehmigung oder Zustimmung erteilt wird.

§ 8 Ausnahmen und Befreiungen

Von Vorschriften dieser Ortsbausatzung, die als Regel- oder Sollvorschriften aufgestellt oder in denen Ausnahmen vorgesehen sind, können bei Vorliegen der in § 94 Abs. 1 der Hessischen Bauordnung geregelten Voraussetzungen Ausnahmen zugelassen werden.

Von zwingenden Vorschriften dieser Ortsbausatzung können auf schriftlichen und zu begründenden Antrag bei Vorliegen der in § 94 Abs. 2 der Hessischen Bauordnung geregelten Voraussetzungen Befreiungen erteilt werden. Derartige Regelungen können nur in begründeten Einzelfällen durch den Magistrat als Untere Bauaufsichtsbehörde getroffen werden, wenn durch die Abweichung der historische Charakter, die künstlerische Eigenart und die städtebauliche Bedeutung des Gebäudes, des Straßen- oder Platzbildes und des Altstadtgefüges nicht beeinträchtigt werden.

§ 9 Ordnungswidrigkeiten

(1) Nach § 113 (1) Nr. 20 HBO handelt ordnungswidrig, wer vorsätzlich oder fahrlässig
1. entgegen § 2 dieser Satzung bauliche Anlagen errichtet oder errichten läßt,
2. entgegen § 4 dieser Satzung Bauwerke, Bauteile und Bauzubehör ausführt, anbringt, verändert bzw. Materialien verwendet,
3. den Bestimmungen des § 5 über Einzelheiten der Baugestaltung zuwiderhandelt,
4. entgegen § 6 dieser Satzung Anlagen der Außenwerbung errichtet oder errichten lässt, ohne im Besitz der nach § 7 erforderlichen Genehmigung zu sein,
5. gegen die Bestimmungen des § 7 über Baugenehmigung und Bauanzeige verstößt.
(2) Die Ordnungswidrigkeit kann gemäß § 113 (3) HBO mit einer Geldbuße bis zu 100.000,-- DM geahndet werden.

§ 10 Inkrafttreten

Diese Ortsbausatzung tritt mit dem auf ihre öffentliche Bekanntmachung folgenden Tag in Kraft.

Mit dem Inkrafttreten dieser Satzung tritt die Ortssatzung über die Bebauung und Bauunterhaltung im historischen Stadtkern der Stadt Limburg a.d. Lahn vom 4. Juli 1967 außer Kraft.
Limburg a .d. Lahn, 28. Juni 1978
DER MAGISTRAT[28]

12.2 Gestaltungssatzung Michelstadt

Gestaltungssatzung der Stadt Michelstadt für die baulichen Anlagen im historischen Stadtkern von Michelstadt

Diese Satzung wurde durch die 1. Änderung (beschlossen am 13.11.2000) vom 14.11.2000 verändert; die geänderte Vorschriften sind in den nachstehenden Satzungstext eingearbeitet.
Aufgrund des § 5 der Hessischen Gemeindeordnung für das Land Hessen (HGO) vom 25. Februar 1952, in der Fassung vom 1. April 1993 (GVBl. I. S. 533) in Verbindung mit § 87 der Hessischen Bauordnung (HBO) vom 28.12.1993 (GVBl. I. 1993 Nr. 32 S. 655), hat die Stadtverordnetenversammlung der Stadt Michelstadt in ihrer Sitzung am 31. Oktober 1994 folgende Satzung der Stadt Michelstadt über das Gestalten baulicher Anlagen im historischen Stadtkern von Michelstadt beschlossen:

1. Räumlicher Geltungsbereich

1.0 Der räumliche Geltungsbereich dieser Satzung umfasst den historischen Stadtkern von Michelstadt und erstreckt sich auf das in dem als Anlage beigefügten Plan schraffiert dargestellte Gebiet in der Gemarkung Michelstadt.
1.1 Der als Anlage beigefügte Plan im Maßstab 1 : 5000 ist Bestandteil dieser Satzung.
1.2 Bei dem unter Punkt 1.0 dargestellten Gebiet unterliegen alle Grundstücke dem Namen dieser Satzung.

2. Sachlicher Geltungsbereich

2.0 Der sachliche Geltungsbereich dieser Satzung erstreckt sich auf
2.1 alle baulichen Anlagen sowie alle Grundstücke, Anlagen und Einrichtungen im Sinne des § 1 HBO und
2.2 alle Anlagen der Außenwerbung im Sinne des § 13 HBO.

3. Bauliche Anlagen

3.0 Umbauarbeiten sind so zu gestalten, dass Firstrichtungen, Giebelstellung, Dachneigung und Traufhöhe sich in den historischen Baubestand einfügen.
3.1 Neubauten sind so zu gestalten, dass sie sich in den historischen Baubestand einfügen.

---

[28] http://www.limburg.de/

4. Dächer

4.0 Dächer sind so zu gestalten, dass sie sich in den historischen Baubestand einfügen.

4.1 Umbauarbeiten an Dächern sind so zu gestalten, dass Dachneigung, Dachform, Dachaufbauten und Materialien dem überkommenen Bild des Bauwerkes entsprechen.

4.2 Dächer von Neubauten sind so zu gestalten, dass sie sich nach Dachneigung, Dachform, Dachaufbauten und Materialien in den historischen Baubestand einfügen.

4.3 Dächer sind mit roten Biberschwanzziegeln aus Ton einzudecken.

4.4 Dachfenster dürfen vom öffentlichen Verkehrsraum aus nicht sichtbar sein.

4.5 Dachgauben sind als abgeschleppte Einzelgauben mit stehenden Fenstern zu gestatten.

4.6 Die Dachneigung muss im Gebiet der Erhaltungssatzung mindestens 40 bis 45 Grad betragen.

4.7 Vorhandene Gesimse sind zu erhalten. Im Rahmen von Umbauarbeiten sind Gesimse zu erhalten und, soweit erforderlich, aus denkmalpflegerischen Gründen zu ergänzen.

5. Außenwände

5.1 Fachwerk
1. Fachwerk ist zu erhalten.
2. Tritt bei Erhaltungsarbeiten an einer Gebäudefront Sichtfachwerk zutage, so ist dieses Fachwerk sichtbar zu erhalten.
3. Inschriften und Schnitzwerke im Fachwerk sind zu erhalten.
4. Treten bei Erhaltungsarbeiten Inschriften und Schnitzwerke im Fachwerk zutage, so sind diese sichtbar zu erhalten.
5. Gefache sind so zu verputzen, dass sie bündig an das Gebälk anschließen.
6. Die Putzoberfläche ist in Handarbeit durchzuführen.

5.2 Naturstein
1. Natursteinwände sind zu erhalten.

5.3 Putz
1. Es sind mineralische Putze zu verwenden.
2. Die Ausführung der Oberfläche mit Kellenanstrich, jedoch ohne Struktur, ist zulässig.

5.4 Holz
1. Holzverschindelungen und Holzverschindelungsfassaden sind zu erhalten.

6. Natursteinbauteile

6.0 Gesimse, Sockel, Treppen, Fenster und Türgewände aus Naturstein sind zu erhalten.

7. Fenster, Türe, Tore

7.0 Fenster, Türe und Tore sind Bestandteile der Gebäudefront.

7.1 Form, Größe und Material müssen sich unter Wahrung der Maßstäblichkeit der Architektur des Bauwerkes anpassen.

7.2 Bei Fachwerkhäusern sind Fenstergröße und Fenstereinteilung mit den ursprünglichen Pfostenabständen abzustimmen.

7.3 Es sind Fenster in stehend rechteckiger Form zulässig.

7.4 Es sind Fenster aus Holz – mit Holz- oder Bleisprossen – zulässig.
7.5 Fenster sind so zu gestalten, dass ihre Ausführung mit Drehflügel erfolgt.
7.6 Fenster, deren Sprossen zwischen den Scheiben angebracht sind, sind nicht zulässig.
7.7 Neue Fensterklappläden sind so zu gestalten, dass sie in Holz ausgeführt werden und sich an ortsüblichen Vorbildern orientieren.
7.8 Rolladen und Jalousetten sind ausschließlich im Innern eines Gebäudes zulässig. Rolladenkästen sind unzulässig.
7.9 Handwerklich gearbeitete Haustüren und Tore sind zu erhalten.
7.10 Neue Haustüren und Tore sind so zu gestalten, dass sie sich in Material und Form an ortsüblich überlieferten Vorbildern orientieren.

8. Schaufenster

8.0 Schaufenster sind ausschließlich im Erdgeschoss zulässig.
8.1 Schaufensterachsen und Schaufensterauftleilungen sind so zu gestalten, dass sie sich in die jeweilige Gebäudefront und den Gesamtzusammenhang des Straßenbildes einordnen.
8.2 Es sind Schaufenster in stehend rechteckiger Form zulässig.
8.3 Metall- und Kunststoffrahmen sind nicht zulässig.
8.4 Kragplatten über Schaufenster sind nicht zulässig.

9. Farbgebung

9.0 Die Änderung der äußeren Gestaltung (wie Anstrich, Verputz und Verkleidung) genehmigungsbedürftiger baulicher Anlagen bedarf der Baugenehmigung (§ 63 Abs. 2 Nr. 2a HBO); dies gilt auch für die Farbgebung.
9.1 Die Farbe ist bei der Baugenehmigung anzugeben.
9.2 Die Farbgebung ist so zu gestalten, dass der Gesamtzusammenhang des Straßenbildes und der historische Baubestand nicht beeinträchtigt werden.

10. Anlagen der Außenwerbung

10.0 Anlagen der Außenwerbung bedürfen nach § 63 Abs. 1 Ziffer 10 b) aa) HBO – auch unter 0,6 qm – einer Baugenehmigung.
10.1 An der Stätte der Leistung ist grundsätzlich eine Werbeanlage zulässig, die individuell zu gestalten ist.
10.2 Werbeanlagen sind so zu gestalten, dass die Architektur des Bauwerkes, der Gesamtzusammenhang des Straßenbildes und der historische Baubestand nicht beeinträchtigt werden.
10.3 Werbeanlagen sind nur unterhalb der Fensterbrüstung des 1. Obergeschosses zulässig.
10.4 Werbeanlagen sind als auf die Wandfläche aufgebrachte Einzelbuchstaben, Flachtransparente und handwerklich gearbeitete Ausleger zulässig.
1. Flachtransparente sind in Form von aufgemalten Schildern oder in verdeckter Leuchtschrift zulässig.
10.5 Blinklichtanlagen, Wechsellichtanlagen, Wechsellichtanlagen mit Blinkeffekt, Lauflichtanlagen, andere Werbeanlagen mit wechselndem Licht und Leuchtgirlanden sind nicht zulässig.

11. Warenautomaten

11.0 Warenautomaten bedürfen, abweichend von § 63 Abs. 1 Ziffer 10 a HBO, einer Genehmigung.

11.1 Die Häufung von Warenautomaten, auch an offenen Verkaufsstellen, ist nicht zulässig.

11.2 Warenautomaten an Außenwänden, die die Gebäudeflucht um mehr als 0,20m überragen, sind nicht zulässig.

11.3 Warenautomaten, die die Architektur des Bauwerkes beeinträchtigen oder inihrer Farbe mit der Farbgestaltung der Außenwand nicht übereinstimmen, sind nicht zulässig.

12. Ausnahmen und Befreiungen

12.0 Von den Vorschriften dieser Satzung können unter den Voraussetzungen des § 68 HBO Ausnahmen oder Befreiungen über die vorgenannten Paragraphen erteilt werden.

12.1 Über die Ausnahmen und Befreiungen entscheidet die Untere Bauaufsichtsbehörde unter Stellungnahme der Stadt Michelstadt (§ 66 Abs. 1 HBO).

13. Ordnungswidrigkeit

13.0 Zuwiderhandlungen gegen die Vorschriften dieser Satzungen können gemäß § 82 Abs. 1 Ziffer 19 und Abs. 2 bis 5 HBO als Ordnungswidrigkeit mit einer Geldbuße bis zu 10.225,84 € geahndet werden.

13.1 Nach § 82 abs. 1 Nr. 19 HBO handelt ordnungswidrig, wer vorsätzlich oder fahrlässig gegen Verbote der Punkte 3, 4, 5, 6, 7, 8, 9, 10 und 11 dieser Satzung verstößt.

14. Inkrafttreten

14.0 Diese Satzung tritt am Tage nach der Bekanntmachung in Kraft. Gleichzeitig tritt die Satzung der Stadt Michelstadt über das Erhalten und Gestalten baulicher Anlagen im historischen Stadtkern von Michelstadt vom 2. Oktober 1986 außer Kraft.

Michelstadt, den 26. November 1994
Der Magistrat der Stadt Michelstadt
Ruhr, Bürgermeister[29]

---

[29] http://www.michelstadt.de/fileadmin/groups/1/stadtverwaltung/Satzungen/gestaltungssatzung.pdf